Handbuch

Teil I

Laubgehölze

Verlagsgesellschaft „Grün ist Leben" mbH
Bismarckstraße 49 · 25421 Pinneberg

Inhaltsübersicht: Seiten

Impressum
Idee und Gesamtgestaltung: Georg W. Kröger, 25335 Elmshorn
Text: Georg W. Kröger © 1990
Verlag: Verlagsgesellschaft „Grün ist Leben" mbH,
Bismarckstraße 49, 25421 Pinneberg, Telefon 04101/2059-0
Gesamtherstellung und Auslieferung: Floraprint Deutschland KG,
70736 Fellbach, Friedrichstraße 16.

21. Auflage 2000.

ISBN 3-934480-00-4

Zum Verständnis

– **Laubgehölze**
als Sammelbegriff für das Sortiment (vorwiegend) sommergrüner und immergrüner Ziergehölze nach der alphabetischen Reihenfolge der botanischen Namen.

– **Schling- und Kletterpflanzen**
gesondert ab Seite 153 des Buches in der alphabetischen Reihenfolge der botanischen Namen.

– **Lebensbereiche der Gehölze**
das Ordnungssystem von Professor Dr. Peter Kiermeier definiert das Gehölz mit jeweils vier Kennziffern: das natürliche Vorkommen (der Art), den Faktor Boden, die Faktoren Licht und Temperatur und die Zuordnung zur Wuchsgruppe. Erläuterungen des Systems finden Sie im Anhang auf den Seiten 177–185.
Die in den früheren Ausgaben an dieser Stelle (in den Beschreibungen aufgeführten EDV-Nummern des BdB-Artikelstamms wurden gestrichen.

– **Wildgehölze**
die in Mitteleuropa heimischen Wildgehölz-Arten sind mit einem ⟨W⟩ gekennzeichnet.
Beispiel: Feldahorn, Maßholder – ⟨W⟩.

– **Wuchs**
beschreibt die Wuchsform nach folgendem System:

Höhe	Bezeichnung	im Text verwendete Kurzfassung
0,1–0,5 m	Zwergstrauch	Z-Strauch
0,5–1,5 m	Kleinstrauch	K-Strauch
1,5–3,0 m	Strauch	Strauch
3/5–7 m	Großstrauch	G-Strauch
5/7–12 m	kleiner Baum	K-Baum
12/15–20 m	Baum	Baum
über 20 m	großer Baum	G-Baum

– **Verwendung**
angesprochen wird die vorwiegend übliche Verwendung in der freien Landschaft, im städtischen Bereich und/oder im Hausgarten; weitere, als die genannten Verwendungsbereiche sind selbstverständlich denkbar und möglich.

– **Nomenklatur**
botanische Namen nach 'Naamlijst van houtige Gewassen', H. J. van de Laar, Proefstation voor de Boomkwekerij (PB) 1989 und deutsche Namen gemäß Warenbezeichnungen des EDV-Artikelstamms Baumschulpflanzen des Bundes deutscher Baumschulen in der Fassung Herbst 1989, soweit erforderlich mit Zusatz der auch noch gebräuchlichen Synonyme.

– **Bienennährpflanzen**
die Kennzeichnung erfolgt durch das Zeichen Ⓑ. Die Ziffern bezeichnen mit der ersten Ziffer die Nektarversorgung, mit der zweiten die Pollenmenge in der Rangfolge 1 = sehr gut, 2 = gut, 3 = mittel, 4 = mäßig, 5 = empfohlen. Der Buchstabe „W“ weist auf die besondere Bedeutung für Wildbienen hin, der Buchstabe „H“ auf die Entwicklung von Honigtau.

Übersicht

Acer – Aceraceae – *Ahorn*

Etwa 150 Arten meist sommergrüner Baum- und Strauchformen der nördlichen, gemäßigten Zone sowie eine Vielzahl von Gartenformen.

		Höhe in m
– **campestre** *und Sorten*	Baum, Strauch	3–15 (–20)
– **cappadocicum**	Baum	–15
– **capillipes**	K-Baum	6–9
– **ginnala**	G-Strauch	5–8
– **japonicum 'Aconitifolium'**	Strauch	3–4
– **monspessulanum**	K-Baum	5–8
– **negundo** *und Sorten*	Baum	10–15 (–20)
– **palmatum** *und Sorten*	G-Strauch	3–5
– **platanoides** *und Sorten*	G-Baum	20–25 (–40)
– **pseudoplatanus** *und Sorten*	G-Baum	20–25 (–40)
– **rubrum**	K-Baum	5–7
– **rufinerve**	K-Baum	6–10
– **saccharinum** *und Sorten*	G-Baum	15–20 (–30)
– **x zoeschense 'Annae'**	K-Baum	4–6

Acer campestre –
Aceraceae

Feldahorn, Maßholder – (W) – Ⓑ 3, 5, H 6.3.3.2

Wuchs: Baum, auch strauchartig, Krone unregelmäßig, kegelförmig, im Alter rund, kurzstämmig, oft mehrstämmig.
Höhe: 3–15 (–20) m.
Blätter: gelappt, (3–) 5lappig; im Herbst leuchtendgelb-orange.
Blüten: Doldentrauben, gelblich-grün, unscheinbar, –V–.
Früchte: Nüßchen, paarweise geflügelt, ab VIII.
Wurzelsystem: Herzwurzler, hoher Feinwurzelanteil.
Ansprüche: alle Bodenarten, ○ – ●.
Eigenschaften: trägwüchsig, trockenresistent, windfest, schattenverträglich.
Verwendung: Landschaftsgehölz – Windschutz, Bodenfestigung, Vogelschutz – zur Einzelstellung und in Mischpflanzungen, Knicks; im Siedlungsbereich als kleinkroniger Straßenbaum, für freiwachsende und geschnittene Hecken; im Garten als Hausbaum, für hohe Hecken.
Sorten: – **'Elsrijk',** Feldahorn „Elsrijk“ für geschnittene Hecken, als Hausbaum im naturnahen Garten, nicht mehltauanfällig.

Acer

Acer cappadocicum
Aceraceae
Kolchischer Spitz-Ahorn
3.3.2.2

Wuchs: Baum, Krone locker bis ausladend.
Höhe: bis 15 m.
Blätter: gelappt, meist 7lappig, Lappen dreieckig lang zugespitzt, bis 15 cm breit, glänzendgrün, Herbstfärbung goldgelb.
Ansprüche: frische humose Böden, ○ – ◑.
Eigenschaften: bedingt winterhart.
Verwendung: im Siedlungsbereich, als Ziergehölz zur Einzelstellung; im Garten als Hausbaum im freien, etwas geschützten, sonnigen Stand.

Acer capillipes
Aceraceae
Roter Schlangenhaut-Ahorn
7.2.1.3

Wuchs: K-Baum, Krone locker, straff aufrecht, grüne Rinde von weißen Streifen durchzogen.

Höhe: 6 – 9 (12) m.
Blätter: gelappt, 3lappig, oben dunkelgrün, unten heller; Herbstfärbung leuchtend orange bis karminrot.
Blüten: grün, mit weißen Streifen durchsetzt.
Früchte: in Trauben, hängend, gelb, am mehrjährigen Holz, –V–.
Wurzelsystem: Tiefwurzler.
Ansprüche: alle Bodenarten, ○ – ◑.
Verwendung: im Siedlungsbereich als Ziergehölz zur Einzelstellung und in Gruppen; im Garten als Ziergehölz (Rindenfärbung, Herbstfärbung) zur Einzelstellung auf etwas geschützten, sonnigen Stand.

Acer ginnala
Aceraceae
Feuerahorn
6.3.3.4

Wuchs: G-Strauch, baumartig, locker aufrecht, im Alter breit ausladend mit überhängenden Zweigen.
Höhe: 5–8 m.
Blätter: gelappt, 3lappig, glänzend grün; Herbstfärbung leuchtend rot.
Blüten: Rispen, gelblich-weiß, duftend, –V–.

Wurzelsystem: flach, feinverzweigt.
Ansprüche: alle Bodenarten, ○ – ◑.
Eigenschaften: sehr frosthart, trockenresistent.
Verwendung: im Siedlungsbereich als Zier- und Deckstrauch, einzeln und in Mischpflanzungen; im Garten zur Einzelstellung (Herbstfärbung).

Acer japonicum 'Aconitifolium'

Aceraceae

Japanischer Feuerahorn

7.2.2.4

Wuchs: Strauch, baumförmig, kurzstämmig, locker aufrecht, im Alter breit ausladend.
Höhe: 3–4 m.
Blätter: gelappt, 5–7lappig, fiederlappig, 8 – 14 cm; im Herbst leuchtend rot.
Blüten: Trauben, purpur, –IV/V–.
Wurzelsystem: flach, hoher Feinwurzelanteil.
Ansprüche: Boden frisch-humos, schwachsauer, ○ – ◑.
Verwendung: im Garten als Zierstrauch (Blattform, Herbstfärbung), Einzelstellung, auch für Kübel und Tröge.
Sorten: – – **'Aureum',** Strauch, im Austrieb und im Schatten goldgelb, Blattstiel und Nerven rötlich, Einzelstand; für Kübel und Tröge, empfindlich gegen Nässe und Trockenheit.

Acer monspessulanum

Aceraceae

Felsen-Ahorn, Wein-Ahorn, französischer Ahorn – (W)

6.3.2.3

Wuchs: K-Baum, auch G-Strauch, rundkronig, dicht.
Höhe: (3) 5–8 (10) m.
Blätter: gelappt, 3lappig, dunkelgrün, gegenständig.
Verwendung: Landschaftsgehölz, einzeln, in Gruppen und in Mischpflanzungen in milden Lagen; im Siedlungsbereich auch Solitärgehölz, an Nebenstraßen.

Acer negundo
Aceraceae
Eschen-Ahorn
2.4.3.2

Wuchs: Baum, oft mehrstämmig, mit dichter breiter Krone.
Höhe: 10–15 (–20) m.
Blätter: gefiedert, lichtgrün, im Herbst leuchtend gelb.
Blüten: Trauben, langhängend, gelblichweiß, –IV/V–.
Wurzelsystem: tiefwurzelnd, viele Feinwurzeln im oberen Bereich.
Ansprüche: Boden frisch-humos, schwachsauer; windgeschützt, ○ – ◑.
Eigenschaften: im Jugendstadium schnellwüchsig, später Windbruchgefahr.
Verwendung: in der Landschaft als Pioniergehölz und an Gewässern; im Siedlungsbereich als Park- und Alleebaum.
Sorten:
– – **'Aureomarginatum'** 5 (7) m, Blätter dunkelgrün mit gelben Flecken,
– – **'Flamingo',** Blätter unregelmäßig weiß gerandet, anfangs hellrosa, Blattstiele rosarot,
– – **'Odessanum',** 5 (7) m, Blätter gleichbleibend gelb,
– – **'Variegatum',** 5 (7) m, Blätter unterschiedlich breit weißgerandet.

Acer palmatum
Aceraceae
Fächer-Ahorn
7.2.2.3

Wuchs: Strauch bis G-Strauch, baumartig, Krone breit bis bizarr, locker.
Höhe: 3–5 m.
Blätter: gelappt, 5-11 lappig, spitz, Herbstfärbung karminrot.
Wurzelsystem: Flachwurzler, viele Feinwurzeln.
Ansprüche: frische, humose, leicht saure Böden, ○ – ◑.
Verwendung: im Garten als Zierstrauch (Blätter, Form, Herbstfärbung), Einzelstand im Rasen, auf Dachgärten, in Kübeln und Trögen.

Sorten: **'Atropurpureum'**, G-Strauch, baumartig, oft breiter als hoch; Blätter dunkelrot bis granatrot;
– – **'Osakazuki'**, dunkelgrünes Blatt, robust, starkwüchsig; Herbstfärbung karminrot.
weitere Sorten: siehe – – **'Dissectum'**

Acer palmatum 'Dissectum'

Aceraceae

Schlitz-Ahorn

7.2.2.5

Wuchs: Strauch, baumartig, halbkugelig, Zweige schirmförmig ausgebreitet.
Höhe: 1,5–2 (–3) m und häufig 2–3 m breit.
Blätter: gelappt, 5–7 (9)lappig, fiederförmig – tief geschlitzt, Herbstfärbung gelblich-rot.
Wurzelsystem: Flachwurzler.
Ansprüche: wie die Art, ◑.
Verwendung: wie – palmatum.

Sorten: – – **'Ornatum'** (Syn. – 'Dissectum Atropurpureum'), Blätter sehr fein, dicht zerschlitzt, rot.
– – **'Dissectum Garnet',** Blätter sehr fein, dicht zerschlitzt, braunrot.
– – **'Dissectum Nigrum',** Blätter sehr fein, dicht zerschlitzt, dunkelbraun- rot.

Acer platanoides

Aceraceae

Spitz-Ahorn (W) – Ⓑ 2, 3, H

3.1.3.1

Wuchs: G-Baum, meist kurzstämmig, rundkronig, dicht.
Höhe: 20–25 (40) m.
Blätter: gelappt, 5–7lappig, spitz, glänzend grün; Herbstfärbung leuchtend gelborange.
Blüten: Doldentrauben, zitronengelb, duftend, –IV–.
Früchte: Nüßchen, paarweise geflügelt, meist nur alle zwei Jahre, ab IX.
Wurzelsystem: Flach – bis Herzwurzler.
Ansprüche: alle Böden außer Moor, mäßig trocken – feucht, wärmeliebend, ○ – ◑.
Eigenschaften: sehr frosthart, wärmeliebend.
Verwendung: Landschaftsgehölz, einzeln und in Gruppen, Pioniergehölz, Windschutz; im Siedlungsbereich an Straßen,

als Solitärbaum auf Plätzen und in Parks.
Sorten:
– – **'Columnare'**, sehr dichte, säulenförmige Krone, geringe Verzweigung, kurze Internodien.
– – **'Deborah'**, mittelgroß, schmal kegelförmig, im Austrieb blutrot.
– – **'Emerald Queen'**, geschlossene, ovale Krone, rosa-rötlicher Austrieb.
– – **'Faassen's Black'**, Blut- Ahorn, 12–15 m, rundkronig.
– – **'Globosum'**, siehe Beschreibung rechte Spalte.
– – **'Olmsted'**, 15 m, schmalkroniger, mittelgroßer Baum, ähnlich 'Columnare', kurze Internodien.
– – **'Royal Red'**, 12–15 m, Blatt rotbraun.
– – **'Schwedleri'**, 15–20 m, mittelgroßer Baum, breite Krone, Laub im Austrieb blutrot, später dunkelgrün.
– – **'Summershade'**, mittelgroßer Baum, lockere Krone, Seitenzweige zur Krone durchwachsend, dunkelgrünes Laub; Herbstfärbung goldgelb.

Acer platanoides 'Globosum'

Aceraceae
Kugel-Ahorn
3.1.3.3

Wuchs: K-Baum, kleinkronig – kugelig, regelmäßig (Kronenveredlung auf Acer platanoides).
Höhe: 6 (–10) m.
Blätter: gelappt, wie die Art, Herbstfärbung gelb.
Ansprüche: wie – platanoides.
Eigenschaften: die sehr dichte häufig ebenso breite wie hohe Kugelkrone entwickelt sich ohne Schnittmaßnahmen.
Verwendung: im Siedlungsbereich als Straßenbaum, als Raumbildner auf Plätzen und in formal gestalteten Anlagen; im Garten häufig im Eingangsbereich des Hauses und in formal gestalteten Gärten.

Acer pseudoplatanus

Aceraceae
Berg-Ahorn – (W) – (B) 1, 3, H
7.3.3.1

Wuchs: G-Baum, Krone tief angesetzt, breit-rundkronig.
Höhe: 20–25 (40) m und oft ebenso breit.

Blätter: gelappt, 5lappig, groß, oben dunkelgrün, unten graugrün; Herbstfärbung leuchtend-gelb, –X–.
Blüten: Trauben, hängend, gelb-grün, unauffällig, –V/VI–.
Früchte: Nüsschen, geflügelt, ab IX.
Wurzelsystem: Tiefwurzler.
Ansprüche: frisch-feuchte Böden, hohe Luftfeuchtigkeit, ○ – ◑.
Eigenschaften: empfindlich gegen: Hitze, längere Trockenheit, Luftverschmutzung.
Verwendung: im Landschaftsbereich als Solitärbaum und in Gruppen, für Mischpflanzungen, Knicks, als Dorf- und Hof

baum, Straßen- und Alleebaum, Vogelnährgehölz; im Siedlungsbereich als Straßen- und Alleebaum.
Sorten: im Handel befindlich u. a.
– – **'Erectum',** in der Jugend säulenförmige Krone, später eiförmig.
– – **'Negenia',** pyramidale Krone, durchgehende Stammverlängerung.
– – **'Rotterdam',** ähnlich 'Erectum',
– – **'Spaethii',** breitpyramidale Krone, Blattoberseite dunkelgrün, -unterseite braun-violett.

Acer rubrum
Aceraceae
Rot-Ahorn
2.3.2.2

Wuchs: K-Baum, lockere, rundlich-ovale Krone.
Höhe: 5–7 m.
Blätter: gelappt, 3–5lappig, oben dunkelgrün, unten blau-grün; Herbstfärbung intensiv rosa – bis kirschrot.
Blüten: Büschel, leuchtend rot, vor Laubaustrieb, –III–.
Wurzelsystem: Herzwurzel, hoher Feinwurzelanteil.

Ansprüche: bevorzugt volle Sonne und mittelschwere bis schwere, feuchte und leicht saure Böden.
Eigenschaften: sehr frosthart, verträgt keinen kalkhaltigen Boden.
Verwendung: im Siedlungsraum im Straßenbegleitgrün, in Parks, Ziergehölz (Blütenbaum, Herbstfärbung).

Acer rufinerve
Aceraceae
Rostbart-Ahorn
7.2.2.3

Wuchs: K-Baum, strauchartig, oft mehrstämmig, auffallend weißgestreifte Rinde.
Höhe: 6–10 m.
Blätter: gelappt, 3lappig, 6–12 cm, dunkelgrün; Herbstfärbung von gelb-orange bis karminrot.
Blüten: Trauben, aufrecht, grün-gelb –V–.
Wurzelsystem: Flachwurzler.
Ansprüche: frisch-humose Böden, ○ – ◑.
Verwendung: im Siedlungsbreich in Parks und in öffentlichen Grünanlagen, Straßenbaum; im Garten als Ziergehölz (dekorative Rindenzeichnung und prachtvolle Herbstfärbung).

Acer saccharinum
Aceraceae
Silber-Ahorn
2.3.3.1

Wuchs: G-Baum, breitkronig, weitausladend mit überhängenden Zweigen, oft mehrstämmig ab Stammgrund.
Höhe: 15–20 (–30) m.
Blätter: gelappt, 5lappig, tiefgeteilt, oben hellgrün, unten silbergrau; Herbstfärbung leuchtend gelb.

Blüten: rot-grünliche Blütendolden vor Austrieb zweihäusig, –III–.
Früchte: nicht haftend, –V/VI–.
Wurzelsystem: Flachwurzler, weit streichend.
Ansprüche: bevorzugt feuchte, saure bis neutrale Böden, windgeschützte Lagen im freien Stand.
Eigenschaften: schnellwüchsig, frosthart, neigt zu Windbruch.
Verwendung: im Siedlungsbereich in Parks und großen Grünanlagen, für Einzelstellung und als Gruppengehölz.

Sorten: – – 'Pyramidale', straff aufrechter Wuchs.
– – 'Laciniatum Wieri', etwas hängende Zweige und tiefer eingeschnittene Blätter.

Acer x zoeschense 'Annae'

(Syn. – x neglectum 'Annae')
Aceraceae
6.1.3.3

Wuchs: K-Baum, auch G-Strauch, Krone breit, verzweigt.
Höhe: 4–6 m.
Blätter: gelappt, meist 5lappig zugespitzt, im Austrieb rot, dann glänzend dunkelgrün, 8–12 cm breit.
Blüten: gelblich-grün, –V–.
Ansprüche: frisch-humose Böden, ○ – ◑.
Verwendung: wie – capillipes.

Actinidia arguta

– chinensis
– kolomikta
im Anhang auf Seite 153.

Aesculus x carnea

Hippocastanaceae
Rotblühende Roßkastanie – (B) 2, 3, H
3.3.3.2

Wuchs: Baum, runde, dichtgeschlossene Krone.
Höhe: 10–15 m.
Blätter: handförmig, 5teilig, 8–15 cm.
Blüten: Rispen, aufrecht, 15–20 cm, hellrot, –V–.

Aesculus

Früchte: kaum Fruchtbildung.
Wurzelsystem: Herzwurzel, dicht verzweigt.
Ansprüche: wie – hippocastanum, ○ – ◑ .
Eigenschaften: empfindlich gegen Oberflächenverdichtung, selten fruchtend.
Verwendung: im Siedlungsbereich als Ziergehölz, in Parks, auf öffentlichen Plätzen und für Alleen, Schattenspender.
Sorten: – **x 'Briotii',** leuchtend blutrote Blüten, Höhe bis 15 m, kaum Fruchtbildung.

Aesculus hippocastanum
Hippocastanaceae
Roßkastanie – Ⓑ 2, 2, H
7.3.2.1

Wuchs: G-Baum, breite, hochgewölbte Krone, dicht.
Höhe: 20–35 (–30) m.
Blätter: fingerförmig gefächert, 5–7teilig, 10–20 cm lang; Herbstfärbung gelb – goldgelb – braun.
Blüten: Rispen: aufrecht, 20–30 cm lang, weiß, gelb-rot gefleckt.
Früchte: stachelige Fruchthülle mit glänzend braunem, kugelförmigem Samen, IX.
Wurzelsystem: flache Herzwurzel, Feinwurzeln im oberen Bereich weitstreichend, dichtverzweigt.
Ansprüche: tiefgründige Sand- oder Lehmböden, schwach sauer bis alkalisch, durchlässig, ○ – ●.
Eigenschaften: frosthart, empfindlich gegen Oberflächenverdichtung.
Verwendung: im Siedlungsbereich zur Einzelstellung in Parks und anderen Freiräumen.
Sorten: – – **'Baumannii',** Blütenrispen weiß gefüllt, rotgefleckt, aufrecht, längere Blühdauer, keine Früchte, da gefüllt blühend, Höhe: 20 (–25) m, Allee- und Straßenbaum.

Aesculus parviflora
Hippocastanaceae
Strauch-Kastanie – Ⓑ 2, 3, H
2.3.5.4

Wuchs: G-Strauch bis K-Baum, mehrtriebig, strauchartig.
Höhe: 3–4 (–5) m, jedoch meist viel breiter.
Blätter: fingerförmig gefiedert, 5–7teilig, 8–20 cm, hellgrün; Herbstfärbung goldgelb.
Blüten: Rispen, aufrecht, 30 cm, weiß, –VII/VIII–.
Wurzelsystem: Flachwurzler.
Ansprüche: normale Böden, ◑ – ●.
Eigenschaften: durch Ausläufer schnell ausbreitend.
Verwendung: im Siedlungsbereich für Einzeldarstellung und in Gruppen, in größeren Gärten im freien Stand als Ziergehölz (Form, Blüte im Spätsommer).

Ailanthus altissima

Simaroubaceae

Götterbaum

6.1.2.1

Wuchs: G-Baum, breitkronig, oft mehrstämmig.
Höhe: bis 25 m.
Blätter: Fiederblatt, 40–60 cm lang, Blättchen paarig zu 13–41, mattgrün.
Blüten: Rispen, grünlich, unscheinbar, –VI/VII–.
Früchte: Fruchtstände, Früchte geflügelt, rötlich-orange, langhaftend, ab VIII.
Wurzelsystem: Flachwurzler, Ausläufer bildend.
Ansprüche: völlig anspruchslos, liebt leichte Sandböden, ○.
Eigenschaften: schnellwüchsig, wächst auf schlechtesten Böden, verträgt Trokkenperioden, etwas windbruchanfällig.
Verwendung: in der Landschaft als Pioniergehölz; im Siedlungsbereich zur Einzelstellung, als Park- und Alleebaum.

Akebia quinata

im Anhang auf Seite 154.

Alnus cordata

Betulaceae

Italienische Erle

2.4.2.3

Wuchs: Baum, eiförmige Krone.
Höhe: bis 15 m.
Blätter: breit-rundlich, lederig glänzendgrün, früher Austrieb und lange haftend.
Blüten: hängende Kätzchen, –III/IV–.
Früchte: zapfenähnlich, bis 3 cm lang, langhaftend.
Wurzelsystem: Herzwurzler, hoher Feinwurzelanteil.
Ansprüche: anspruchslos, ○ – ◑.
Eigenschaften: im Jugendstadium spätfrostgefährdet, windfest.
Verwendung: im Siedlungsbereich als Straßenbaum, für Abpflanzungen, Windschutzpflanzung.

Alnus glutinosa
Betulaceae
Rot-Erle, Schwarz-Erle – (W)
– ⟨B⟩ –, 2, H
1.2.2.2

Wuchs: G-Baum, Baum oder G-Strauch je nach Standort, Krone kegelförmig, Stamm durchgehend, Äste waagerecht.
Höhe: (4) 8–20 (30) m.
Blätter: breit eiförmig – rund, glänzend dunkelgrün.
Blüten: Kätzchen – männlich auffällig, bräunlich, weiblich unscheinbar.
Früchte: Fruchtstände zapfenähnlich, verholzend.
Wurzelsystem: Herzwurzel – Stickstoffsammler, keine Ausläufer.
Ansprüche: schwachsauer – neutral, naß – feucht, ○ – ◑.
Eigenschaften: kalkmeidend, verträgt Überschwemmungen und Einschüttungen.
Verwendung: Landschaftsgehölz, Pioniergehölz, Boden- und Uferbefestigungen, Schutzpflanzungen, Knicks, Windschutzhecken.

Alnus incana
Betulaceae
Grau-Erle, Weiß-Erle – (W)
– ⟨B⟩ –, 2, H
2.2.4.2

Wuchs: Baum mitunter G-Strauch, meist mehrstämmig, Krone kegelförmig – unregelmäßig.
Höhe: (4) 8–12 (20) m.
Blätter: breit eirund, oben dunkelgrün, unten graugrün.
Blüten: Kätzchen, gelb, vor dem Laubaustrieb, weibliche Kätzchen unscheinbar, –III/IV–.
Früchte: Fruchtstände zapfenähnlich, verholzend.
Wurzelsystem: Flachwurzler, weitstreichend, zahlreiche Ausläufer, Stickstoffsammler.
Ansprüche: alle kalkhaltigen Substrate, sonst wie – glutinosa.
Eigenschaften: windfest, salzverträglich.
Verwendung: wie – glutinosa.
Sorten: – – **'Aurea'**, K-Baum, 8–10 m hoch, Blätter im Austrieb gelb, später gelblichgrün.

Alnus viridis
Betulaceae
Grün-Erle, Berg-Erle, Alpen-Erle, Laublatsche – (W)
8.1.5.5 – ⟨B⟩ –, 4

Wuchs: Strauch.
Höhe: 1–3 (4) m.
Blätter: eiförmig, klein, dunkelgrün.
Verwendung: Landschaftsgehölz, Pioniergehölz, in Mischpflanzungen.

Amelanchier laevis
Rosaceae
Veredelte Felsenbirne
3.1.4.4

Wuchs: G-Strauch, strauchartig, meist mehrstämmig, unregelmäßig – locker.
Höhe: 2–4 m.
Blätter: eiförmig, 4–6 cm, im Austrieb rötlich, ausgewachsen grün; Herbstfärbung leuchtend scharlachrot.
Blüten: in Trauben, hängend, sehr zahlreich und auffallend, bis 12 cm lang, weiß, am mehrjährigen Holz, –V–.
Früchte: Kugelig, blauschwarz, eßbar, ab IX.
Wurzelsystem: Flachwurzler, dichtverzweigt,
Ansprüche: anspruchslos, ○ – ◑.
Verwendung: wie – lamarckii.

Amelanchier lamarckii

(Syn. Amelanchier canadensis)
Kupfer-Felsenbirne
Rosaceae
3.2.6.4

Wuchs: G-Strauch bis K-Baum, mit mehreren starken Grundstämmen, lichte, schirmförmige Krone.
Höhe: 6–8 m, entsprechend breit.

Blätter: elliptisch, im Austrieb kupferrot; Herbstfärbung leuchtend-gelb und rot.
Blüten: in Trauben, weiß, Blüte sternförmig, zahlreich, – IV/V–.
Früchte: kugelig, schwarz, blaubereift, eßbar, –VII/VIII–.
Wurzelsystem: Flachwurzler, stark verzweigt.
Ansprüche: normale, kultivierte Böden, ○ – ●.
Eigenschaften: frosthart, verträgt Staunässe und Trockenperioden.
Verwendung: in der Landschaft in Mischpflanzungen, Hecken; Vogelnähr-, Nist- und Schutzgehölz; im Siedlungsbereich in öffentlichen Grünanlagen; im Garten als Zierstrauch (Blüte, Herbstfärbung).

Amelanchier ovalis

Rosaceae
gewöhnliche Felsenbirne,
gemeine Felsenbirne (W) – ⟨B⟩ 4, 2
6.3.3.5

Wuchs: Strauch.
Höhe: 1–3 m.
Blätter: eiförmig, oberseits dunkelgrün, unterseits grau-weißfilzig; Herbstfärbung scharlachrot.
Blüten: in Trauben, weiß, filzig, –IV/V–.
Früchte: kugelig, blau-schwarz.
Verwendung: Landschaftsgehölz, Pioniergehölz; im Siedlungsbereich auf extremen Standorten.

Aralia elata

Araliaceae
Aralie
7.3.2.4

Wuchs: G-Strauch oder K-Baum, mehrere Grundstämme, wenig verzweigt.
Höhe: bis 5 m.
Blätter: doppelt gefiedert, 60–80 cm lang.
Blüten: Trugdolden, creme-weiß, 50 cm breit, –VIII/IX–.

Wurzelsystem: flach, dickfleischig, mit Stockausschlägen.
Ansprüche: warme, geschützte Lagen, trockene Böden in voller Sonne.
Eigenschaften: in der Jugend frostempfindlich, wieder austreibend, Ausläufer bildend.
Verwendung: Ziergehölz zur Einzelstellung im Weinbauklima oder in geschützten Lagen.
Sorten: – – **'Aureovariegata',** Blattrand gelb,
– – **'Variegata',** Blattrand weiß.

Arctostaphylos uva-ursi
Ericaceae
Immergrüne Beerentraube (W)
8.2.3.6

Wuchs: Z-Strauch, niederliegend, Teppich bildend.
Höhe: (0,1) 0,2–0,3 m.
Blätter: immergrün, verkehrt eiförmig, 1–2 cm groß.
Blüten: weiß, überhängende Trauben, –IV/V–.
Früchte: kugelig, scharlachrot, glänzend.
Ansprüche: besonders für sandige Böden, aber auch für alle anderen Bodenarten geeignet.
Eigenschaften: kaltes Klima vertragend.
Verwendung: Landschaftsgehölz, heimisches Wildgehölz; im Siedlungsbereich als Zierstrauch – Bodendecker.

Aristolochia macrophylla
im Anhang auf Seite 155.

Aronia arbutifolia
Rosaceae
Apfelbeere
1.2.2.5

Wuchs: Strauch, deutlich aufrecht, vieltriebig.
Höhe: bis 2 m.
Blätter: tiefgrün, unterseitig graufilzig, im Herbst auffallend rötlich.
Blüten: weiß oder rosa, klein, –V/VI–.
Früchte: erbsengroß, leuchtend rot.
Wurzelsystem: Flachwurzler.
Ansprüche: nicht zu trockene Böden, etwas geschützt, ○ – ◑.
Verwendung: im Siedlungsbereich als Zierstrauch, zur Vorpflanzung in Gruppen, Vogelschutzgehölz.

Aronia melanocarpa

Rosaceae

Schwarze Apfelbeere

4.2.2.5

Wuchs: K-Strauch
Höhe: 0,5–1 m.
Blätter: elliptisch bis verkehrt eiförmig, oben glänzend grün, unten heller; Herbstfärbung rot bis braun-rot.
Blüten: Doldenrispen, weiß, –V–.
Früchte: erbsengroß, glänzend schwarz, reich an Vitamin C, –VIII/IX–.
Wurzelsystem: feines Faserwurzelwerk.
Ansprüche: auf kultivierten, trockenen Böden ○ – ◑.
Eigenschaften: Ausläufer treibend.
Verwendung: im Siedlungsbereich im Straßenbegleitgrün, zur Abpflanzung, Flächenbegrünung unter Straßenbäumen, Vogelschutzgehölz.

Übersicht

Berberis– Berberidaceae – *Berberitze*

Die Gattung umfaßt insgesamt etwa 400–500 Arten sommergrüner und immergrüner, bewehrter Sträucher vom Zwergstrauch bis zum Großstrauch.

			Höhe in m
– **buxifolia 'Nana'**	K-Strauch,	immergrün;	0,5–0,8
– **candidula**	K-Strauch,	immergrün;	0,5–0,8
– **x frikartii 'Verrucandi'**	K-Strauch,	immergrün;	– 1,0
– **gagnepainii var. lanceifolia**	Strauch,	immergrün;	1,5–3,0
– **hookeri**	Strauch,	immergrün;	– 2,0
– **julianae**	Strauch,	immergrün;	2,0–3,0 (–4)
– **x media 'Parkjuweel'**	K-Strauch,	wintergrün;	1,0–1,5
– **x ottawensis 'Superba'**	G-Strauch,	sommergrün;	3,0–4,0
– **x stenophylla**	Strauch,	immergrün;	2,0–3,0
– **thunbergii** *und Sorten*	Strauch,	sommergrün;	1,5–2,0 (–3)
– **verruculosa**	K-Strauch,	immergrün;	1,0–1,5

Berberis buxifolia 'Nana'
Berberidaceae
Polster-Berberitze
9.3.5.7

Wuchs: K-Strauch, rundlich wachsend, dichtbuschig.
Höhe: 0,5–0,8 m.
Blätter: immergrün, elliptisch, stachelspitz, derb, dunkelgrün.
Blüten: orange-gelb, –IV/V–.
Wurzelsystem: flach, überwiegend Feinwurzeln, wenige Hauptwurzeln.
Ansprüche: alle Bodenarten, bis zu trokkenem Sandboden, ○ – ●.
Eigenschaften: vollkommen frosthart, trockenresistent, schnittverträglich.
Verwendung: im Siedlungsbereich für flächige Pflanzungen, Tröge und Kübel; im Garten für Einfassungen, Steingärten, Tröge.

Berberis candidula –
Berberidaceae
Kissen-Berberitze
7.1.5.6

Wuchs: K-Strauch, halbkugelig, dicht.
Höhe: 0,5–0,8 m, meist breiter als hoch.

Blätter: immergrün, elliptisch, dunkelgrün-glänzend, Unterseite weiß.
Blüten: einzeln, goldgelb, –V–.
Früchte: blau, weißbereift, unauffällig.
Wurzelsystem: flach, überwiegend Feinwurzeln, wenige Hauptwurzeln.
Ansprüche: alle Bodenarten, ○ – ◑.
Eigenschaften: ausreichend winterhart.
Verwendung: im Siedlungsbereich Gruppengehölz, Böschungen; in Heide- und Steingärten, für Grabbepflanzung.

Berberis x frikartii 'Verrucandi'
Berberidaceae
9.4.5.6

Wuchs: K-Strauch, breitbuschig, dicht verzweigt.
Höhe: –1,0 m.
Blätter: immergrün, einfach, bis 3 cm lang, oberseits glänzend-grün, unterseits grauweiß.
Wurzelsystem: flach, überwiegend Feinwurzeln, wenige Hauptwurzeln.
Ansprüche: alle Bodenarten, ○ – ◑.
Verwendung: im Siedlungsbereich Gruppengehölze, Böschungen; in Heide- und Steingärten, für Grabbepflanzung.
Sorten: – x – **'Amstelveen',** bis 1 m hoch, reichblühend, Blüte gelb, überhängende Zweige, Blattunterseite bläulich-weiß,
– x – **'Telstar',** 1,0–1,5 m, kompakter Wuchs, sonst wie – x – 'Amstelveen'.

Berberis gagnepainii var. lanceifolia
Berberidaceae
Lanzen-Berberitze
7.1.5.6 / 9.3.5.6

Wuchs: Strauch, aufrecht, dichtverzweigt.
Höhe: 1,5–3,0 m.
Blätter: immergrün, schmal-lanzettlich, bis 10 cm, stumpfgrün, unten heller.
Blüten: in Büscheln am mehrjährigen Holz, goldgelb, –V/VI–.
Früchte: eiförmig, 1 cm, blau-schwarz.
Wurzelsystem: flach, überwiegend Feinwurzeln, wenige Hauptwurzeln.
Ansprüche: alle Bodenarten, ○ – ◑.
Eigenschaften: frosthart, dürreresistent.
Verwendung: im Siedlungsbereich im Einzelstand und in Pflanzgruppen; im Hausgarten für Hecken, Einfassungen, Kübel und Tröge.

Berberis hookeri
Berberidaceae
6.3.4.5 / 9.3.5.5

Wuchs: Strauch, aufrecht wachsend, dicht verzweigt.
Höhe: 2 m hoch und breit.
Blätter: immergrün, elliptisch, 4–6 cm, oben glänzend-grün, unten weiß bereift.
Blüten: in Büscheln, schwefelgelb, –V/VI–.
Früchte: rund, schwärzlich purpur.

Wurzelsystem: flach, überwiegend Feinwurzeln, wenige Hauptwurzeln.
Ansprüche: alle Bodenarten, ○ – ◑.
Eigenschaften: frosthart, dürreresistent.
Verwendung: im Siedlungsbereich im Einzelstand und in Pflanzgruppen, Kübel und Tröge.

Berberis julianae
Berberidaceae
Großblättrige Berberitze
6.3.4.5

Wuchs: Strauch bis G-Strauch, aufrecht, dicht verzweigt.
Höhe: 2–3 (–4) m, oft breiter als hoch.
Blätter: immergrün, oval, oben dunkelgrün, lederartig, unten blaßgrün.

Blüten: in Büscheln, gelb –V/VI–.
Früchte: elliptisch, blau-schwarz bereift.
Wurzelsystem: flach, überwiegend Feinwurzeln, wenige Hauptwurzeln.
Ansprüche: alle Bodenarten, ○ – ◑.
Verwendung: im Siedlungsbereich für Gruppenpflanzungen und freiwachsende Hecken; im Garten als Zierstrauch zur Einzelstellung, in Pflanzgefäßen, für bewehrte Hecken.

Berberis x media 'Parkjuwel'

Berberidaceae

9.2.2.6

Wuchs: K-Strauch, locker – breitbuschig.
Höhe: 1–1,5 m und bis 2 m breit.
Blätter: wintergrün, länglich – eiförmig, 3 cm lang, glänzend dunkelgrün.
Blüten: unauffällig.
Wurzelsystem: wie – buxifolia 'Nana'.
Ansprüche: alle Bodenarten, ○ – ◑.
Verwendung: im Siedlungsbereich als Gruppengehölz, Bodendecker; im Garten in Heide- und Steingarten-Gesellschaften.

Berberis x ottawensis 'Superba'

(Syn. Berberis thunbergii 'Atropurpurea Superba')

Berberidaceae

Große Blut-Berberitze

9.1.3.5

Wuchs: Strauch bis G-Strauch, aufrechte Grundtriebe, strauchartig gewölbt.
Höhe: bis 4 m und oft genauso breit.
Blätter: sommergrün, rundlich, bis 5 cm lang, intensiv dunkelrot; Herbstfärbung eindrucksvoll hellrot bis orange.
Blüten: Trugdolden, in Büscheln, gelb mit rot, –V–.
Früchte: eiförmig, hellrot, langhaftend.
Wurzelsystem: wie – buxifolia 'Nana'.
Ansprüche: alle Bodenarten, geschützte Lagen, ○ – ◑.
Verwendung: im Siedlungsbereich zur Einzelstellung und in Gruppen für freiwachsende, undurchdringliche Hecken; im Garten als Zierstrauch (Laubfarbe, Herbstfärbung).

Berberis x stenophylla

Berberidaceae

Schmalblättrige Berberitze, Dotter-Berberitze

7.2.4.5

Wuchs: Strauch, locker, bogig überhängend.
Höhe: 2–3 m.
Blätter: immergrün, schmal, lanzettlich, stachelspitz, oben dunkelgrün, unten bläulichweiß.
Blüten: goldgelb, zahlreich.
Früchte: erbsengroß, blauschwarz bereift.
Wurzelsystem: wie – buxifolia 'Nana'.
Ansprüche: alle Bodenarten, geschützte Lage, ○ – ◑.

Eigenschaften: etwas frostempfindlich, verlangt Winterschutz.
Verwendung: im Hausgarten als Zierstrauch (Form, Blüten).

Berberis thunbergii

Berberidaceae
Grüne Hecken-Berberitze
9.3.4.6

Wuchs: Strauch, aufrecht, vieltriebig, dicht verzweigt.
Höhe: 1,5–2 (–3) m und oft genauso breit.
Blätter: sommergrün, eiförmig, oben frischgrün, unten bläulich; Herbstfärbung scharlachrot bis orange.
Blüten: in Büscheln, gelblich, –V–.
Früchte: elliptisch, korallenrot, langhaftend, –IX–.
Wurzelsystem: wie – buxifolia 'Nana'.
Ansprüche: alle Bodenarten, ○ – ◑.
Eigenschaften: frosthart, trockenresistent, feuchtigkeitsliebend.
Verwendung: im Siedlungsbereich im Straßenbegleitgrün, zur Vorpflanzung und als freiwachsende Hecken; im Garten als Zierstrauch (Herbstfärbung/Früchte), in Kübeln und Trögen, für niedrige geschnittene und freiwachsende Hecken.

Sorten: – – **'Atropurpurea',** Blätter purpurrot bis rotbraun, Herbstfärbung leuchtend karminrot, Höhe 1,2–2 m.
– – **'Atropurpurea Nana',** Blätter dunkelpurpurbraun, Herbstfärbung leuchtend rot, Höhe 30–60 cm und bis dreimal so breit,
– – **'Green Carpet',** Blätter grün, Herbstfärbung orange bis rot, Höhe bis 1 m und 1,5 m breit,
– – **'Red Chief',** Blätter purpurbraun-rot, Herbstfärbung leuchtend rot, bis 3,5 m hoch und entsprechend breit.

Berberis verruculosa
Berberidaceae
Warzen-Berberitze
7.1.5.6

Wuchs: dicht, hochgewölbt, bogig überhängende Seitentriebe.
Höhe: 1–1,5 m.
Blätter: Immergrün, eiförmig, oben dunkelgrün glänzend, unterseits weißlichblau.
Blüten: Einzelblüten, goldgelb, schwachduftend, –V–.
Früchte: Beeren, schwarz-blau bereift, –VIII/X–.
Wurzelsystem: wie – buxifolia 'Nana'.
Ansprüche: alle Bodenarten, ○ – ●.
Verwendung: im Siedlungsbereich im Einzelstand oder als Gruppenpflanzung; in Hausgärten als Heckengehölz, für Kübelpflanzung, für Dachgärten und auf Friedhöfen.

Betula

Übersicht

Betula – Betulaceae – *Birke*

Die Gattung umfaßt etwa 45 Arten der nördlichen gemäßigten Zonen.

		Höhe in m
– **albosinensis**	K-Baum	8–10
– **ermanii**	Baum	15 (–20)
– **humilis** *(W)*	K-Strauch	0,5–1,5
– **nana** *(W)*	Z-Strauch	0,2–0,6
– **nigra**	Baum	15–20
– **papyrifera**	Baum	15–20
– **pendula** *und Sorten*	G-Baum	20–30
– **pubescens** *(W)*	Baum	5–15
– **utilis** *(syn. Jacquemontii)*	Baum	10–15

Betula albosinensis

Betulaceae

Kupfer-Birke

4.2.3.3

Wuchs: K-Baum, lockere Krone.
Höhe: 8–10 m.
Blätter: eiförmig, 4–7 cm, gelbgrün, unterseits heller; Herbstfärbung goldgelb.
Rinde: glänzend orangefarben, dünn abrollend, auffallend.
Blüten: grüngelbe Kätzchen bei Blattaustrieb, –III/IV–.
Wurzelsystem: Flachwurzler, hoher Feinwurzelanteil.
Ansprüche: für alle kultivierten Böden, geschützte Standorte, ○ – ◑.
Eigenschaften: empfindlich gegen Oberflächenverdichtung und Nässe.
Verwendung: im Siedlungsbereich zur Einzeldarstellung und in Gruppen; im Garten als Ziergehölz (Rinde), attraktiver Hausbaum.

Betula ermanii

Betulaceae

Gold-Birke

8.1.3.2

Wuchs: Baum, Krone ausladend, locker und breit, oft mehrstämmig.
Höhe: 15 (–20) m.

Blätter: dreieckig, herzförmig, dunkelgrün; Herbstfärbung leuchtend goldgelb.
Rinde: gelblich-weiß, in breiten Querstreifen lösend, glatt.
Blüten: gelb-grün, männliche Blüten auffallend, 3 cm lang, –IV–.
Wurzelsystem: Flachwurzler, dicht verzweigt.
Ansprüche: alle kultivierten Böden, bevorzugt sonnige Lagen.
Verwendung: im Siedlungsbereich für Einzelstellung oder in Gruppen; im Garten als Hausbaum (Rindenstruktur/-färbung).

Betula humilis

Betulaceae

Strauch-Birke (W)

1.1.1.6

Wuchs: K-Strauch.
Höhe: 0,5–1,5 (2) m.
Blätter: rundlich-eiförmig, frischgrün.
Ansprüche: auf feuchten, nährstoffarmen Torfböden.
Eigenschaften: selten.
Verwendung: Landschaftsgehölz als heimisches Wildgehölz.

Betula utilis
(Hort. – jacquemontii)
Betulaceae
Himalaja-Birke
7.2.3.2

Wuchs: Baum, aufrecht-trichterförmig, Krone kegelförmig breit, meist kurzstämmig.
Höhe: 10–15 m.
Blätter: eiförmig, 5–8 cm lang, dunkelgrün, ledrig; Herbstfärbung gelb.
Rinde: weiß-hellgrau, papierdünn, abblätternd.
Ansprüche: alle Bodenarten, frisch-feucht, neutral-sauer, ○.
Verwendung: wie – platyphylla.

Betula nana
Betulaceae
Zwergbirke (W)
1.1.1.7

Wuchs: Z-Strauch bis K-Strauch, ausgebreitet, niederliegend.
Höhe: 0,2–0,6 (1,2) m.
Blätter: Kreisrund, sehr klein, dunkelgrün.
Rinde: braun-schwarz, behaart.
Blüten: unscheinbare, aufrechtstehende Kätzchen, –IV–.
Eigenschaften: selten.
Verwendung: Landschaftsgehölz, als heimisches Wildgehölz, auf Hochmooren und Moorwiesen; Lieberhabergehölz für Felsgärten und Moorbeetpflanzungen.

Betula nigra
Betulaceae
Schwarz-Birke
2.1.3.2

Wuchs: Baum, trichterförmig breit ausladend, Seitenäste überhängend, meist mehrstämmig.
Höhe: 15–20 m.
Blätter: eiförmig, bis 8 cm, glänzend grün, unten grau; Herbstfärbung tiefgelb.
Rinde: jung gelbbraun, in Fetzen aufrollend, später schwarzgrau, tiefrissige Borke.
Blüten: gelb-grün, Kätzchen bis 8 cm lang, –IV–.
Wurzelsystem: herzförmig, breit.
Ansprüche: auf allen Standorten, bevorzugt jedoch feuchte Lagen, ○.
Verwendung: im Siedlungsbereich zur Einzelstellung und in Gruppen, in Parks, an Gewässern; in großen Gärten als Hausbaum (Rindenfärbung, Habitus).

Betula papyrifera
Betulaceae
Papier-Birke
2.4.4.1

Wuchs: Baum, Krone rundlich bis pyramidal, Stamm durchgehend.
Höhe: 15–20 m.
Blätter: eiförmig, 4–10 cm lang, tiefgrün, unterseits hellgelbgrün; Herbstfärbung goldgelb.
Rinde: leuchtend weiß, glatt, in breiten, dünnen Streifen lösend.
Blüten: gelb-grün, nur Kätzchen, auffallend, –IV–.
Wurzelsystem: Flachwurzler, weitstreichend.
Ansprüche: normale, nährstoffreiche Böden, hoher Lichtanspruch, ○.
Eigenschaften: strahlungsempfindlich, empfindlich gegen Oberflächenverdichtung.
Verwendung: im Siedlungsbereich einzeln und in freistehenden Gruppen, in Parks; Ziergehölz in entsprechend großen Hausgärten (dekorative Rindenfärbung).

Betula pendula
(Syn. Betula verrucosa)
Betulaceae
Sand-Birke, Weiß-Birke (W) – (B) –, 3, H
4.2.3.2

Wuchs: G-Baum, lockere, schlanke Krone, Wuchsform sehr variabel.
Höhe: 20–30 m.
Blätter: dreieckig, 3–7 cm lang; Herbstfärbung goldgelb.
Rinde: weißgrau, glatt, später schwarzborkige Risse.
Blüten: grün-gelb, nur Kätzchen, auffallend, –III/IV–.
Wurzelsystem: Herzwurzler mit flachstreichenden Seitenwurzeln, sehr hoher Feinwurzelanteil in der obersten Bodenzone.
Ansprüche: alle Bodenarten, frischfeucht, sauer-neutral. ○.
Eigenschaften: frosthart, anspruchslos, schnittverträglich.
Verwendung: Landschaftsgehölz, Pioniergehölz, Straßenbaum; im Siedlungsbereich in Parkanlagen, Straßen und Alleen; in Gärten als Hausbaum.
Sorten: – – **'Darlecarlica'** (Syn. – – 'Crispa'), tiefgelappte, hängende Blätter und überhängende Zwergspitzen, bis 10 m hoch.
– – **'Fastigiata',** Säulenform, straff, schmal aufrecht, Zweige gedreht, Höhe 7–15 m.

– – **'Purpurea'**, dunkelrote Blätter, schwachwüchsig, 7–10 m.
– – **'Tristis'**, aufrechte Spitze, feine hängende Zweige, Höhe 15–20 m.
– – **'Youngii'**, Krone unregelmäßig, stark hängend, Höhe bis 7 m und genauso breit.

Betula pubescens
Betulaceae
Moorbirke (W)
1.1.1.2

Wuchs: Baum, auch G-Strauch.
Höhe: (2) 5–15 (30) m.
Blätter: rund-eiförmig, ledrig-dunkelgrün.
Ansprüche: bevorzugt auf feuchten, sauren Böden, vollsonnig.
Verwendung: Landschaftsgehölz, Pioniergehölz, in Mischpflanzungen und Knicks.

Buddleja

Buddleja alternifolia
Buddlejaceae
Buddleie, Sommerflieder
6.3.2.5

Wuchs: G-Strauch, breitbuschig mit überhängenden Trieben.
Höhe: 3–4 m.
Blätter: schmallanzettlich, stumpfgrün, unterseits silbrig-weiß.
Blüten: in Büscheln, lavendel-purpurn, auf der Länge der vorjährigen Triebe, stark duftend, –VI–.
Wurzelsystem: fleischig, flach.
Ansprüche: normale Gartenböden, sonnige, geschützte Standorte bevorzugt.
Eigenschaften: ausreichend hart, trockenresistent, Blüte am zweijährigen Holz, **kein Rückschnitt!**
Verwendung: im Siedlungsbereich im freien Stand; im Garten als eindrucksvoller Blütenstrauch.

Buddleja davidii – Hybriden

Buddlejaceae

Buddleie, Schmetterlingsstrauch

– ⟨B⟩ 3, 2

9.1.1.5

Wuchs: Strauch bis G-Strauch, straff aufrecht, wenig geneigte Triebe.
Höhe: 3 (–5) m.
Blätter: eilanzettlich, zugespitzt, lebhaft grün, ca. 10 cm lang.
Blüten: Rispen, etwa 20 cm lang am jüngeren Holz, stark duftend; Farben: siehe Sorten, –VII/X–.
Wurzelsystem: wie – alternifolia.
Ansprüche: normale Gartenböden, kalkliebend, Standort etwas geschützt, ○.
Eigenschaften: sehr trockenresistent, Blüte am einjährigen Holz, jährlicher Rückschnitt nach dem Winter bis kurz über den Boden!
Verwendung: im Siedlungsgrün zur Einzelstellung, in Innenhöfen, Parks und anderen Grünanlagen; in Gärten als Blütenstrauch, attraktiv, da stark von Schmetterlingen beflogen.
Sorten: – – **'Black Knight',** purpur bis violett.

– – **'Fascination',** rosa
– – **'Ile de France',** violettrot.
– – **'Nanho Blue',** kompakt, reichblühend, bläulich.
– – **'Nanho Purple',** kompakt, lange Blütenrispen, violett-rot.

– – **'Cardinal',** tief purpurrot.
– – **'Empire Blue',** purpur bis violett-blau.

– **'Peace',** weiß, innen dunkel- orange.
– **'Purple Prince',** violett.
– **'Royal Red',** purpurrot.

Buxus sempervirens var. arborescens

Buxaceae

Hoher Buchsbaum (W)

6.3.3.4

Wuchs: G-Strauch oder K-Baum, aufrecht, breite Krone.
Höhe: 3 (–5) m.
Blätter: immergrün, eiförmig-länglich, glänzend dunkelgrün.
Blüten: gelb-grün, unscheinbar, duftend, –IV/V–.
Wurzelsystem: dicht verzweigt.
Ansprüche: neutraler bis kalkhaltiger Boden, ○ – ●.
Eigenschaften: feuchtigkeitsliebend, übersteht Trockenperioden.
Verwendung: im Siedlungsbereich zur Unterpflanzung in schattigen Gehölzpartien, Heckenpflanze, auf Friedhöfen; im Hausgarten zur Unterpflanzung, für Formhecken.
Sorten: – – **'Handsworthensis',** Strauch, straff aufrecht, bis 2 m hoch.
– – **'Rotundifolia',** Strauch, schmal aufrecht, bis 2,5 m, Blatt rund, bläulich-grün.

Buxus sempervirens 'Suffruticosa'

Buxaceae

Buchs, Einfassungs-Buchsbaum

– Ⓑ 4, – 9.3.2.7

Wuchs: Zwergstrauch bis Kleinstrauch, straff aufrecht, dichtbuschig.
Höhe: bis ca. 1 m.
Blätter: immergrün, verkehrt-eiförmig oder eiförmig, glänzend dunkelgrün.
Wurzelsystem: flach, dicht, fein.
Ansprüche: wie die Art.
Eigenschaften: Blätter stark giftig.
Verwendung: zur Einfassung von Rabatten, Wegen und Gräbern – sogenannter „Einfassungs-Buchsbaum".

Callicarpa bodinieri var. giraldii
Verbenaceae
Schönfrucht, Liebesperlen-Strauch
9.2.5.5

Wuchs: Strauch, aufrecht, feintriebig.
Höhe: 2–3 (–4) m.
Blätter: elliptisch, 5–12 cm lang, stumpfgrün; Herbstfärbung gelb.
Blüten: Trugdolden, ca. 2 cm breit, lila, – VII/VIII.
Früchte: perlenartig, violett, zahlreich, – IX/X–.
Wurzelsystem: flach.
Ansprüche: leichter bis mittelschwerer, humoser Boden, ○ – ◑.
Eigenschaften: frostgefährdet, Wurzelschutz im Winter.
Verwendung: im Siedlungsbereich, in Gärten und Parkanlagen; im Hausgarten als Zierstrauch (Fruchtschmuck), einzeln oder in Gruppen, auch in Kübeln und Trögen.
Sorten: – – **'Profusion'**, Früchte blaß-lila, sehr zahlreich.

Heidepflanzen:

Heidegarten

Calluna vulgaris
Ericaceae
Besen-Heide, Sommer-Heide (W)
4.1.2.7

Wuchs: Z-Strauch bis K-Strauch straff aufrecht, vieltriebig.
Höhe: sortenbedingt 15–80 cm.
Blätter: immergrün, linealisch, 1–4 mm, paarweise gegenständig, Naturformen dunkelgrün/graugrün, Sorten auch silbergrau, gelb und mit rotbrauner Winterfärbung.
Blüten: vierteilige Rosetten an einseitg gewendeten Rispen, sortenbedingt weiß, rosa/lila, purpur/rot, VII–XI.
Wurzelsystem: flach, verfilzt mit wurzelnden Sprossen.
Ansprüche: auf leichten, durchlässigen, nährstoffarmen Böden, kalkfrei mit pH-Werten zwischen 4-5, ○.
Jährlicher Rückschnitt im Frühjahr.
Verwendung: in Heidegärten großflächig und in Gesellschaft mit Wildrosen, Nadelgehölzen, Stauden und Gräsern.
Sorten: wegen der großen Zahl der Kulturformen wird an dieser Stelle auf die Kataloge der Baumschulen verwiesen.

Calluna · Erica

Im BdB-Handbuch II „Nadelgehölze, Rhododendron und Heidepflanzen" finden Sie die vollständige Übersicht über das Sortiment in Wort und Bild

Erica carnea

(Syn. Erica herbaceae)

Ericaceae

Schnee-Heide, Winter-Heide (W)

Wuchs: Z-Strauch, aufrecht.
Höhe: sortenbedingt 20–50 cm.
Blätter: immergrün, linealisch, 4–8 mm, zu 3–4 in Quirlen, Naturform dunkelgrün, Sorten auch gelbgrün und Winterfärbungen rötlichgrün, bronzegrün bis braun.
Blüten: glockenförmig in Gruppen an einseitig gewendeten Rispen, naturfarben lilarosa, Sorten von weiß über rosa und violett bis lavendelfarben, sortenbedingt ca. (ab XII) – II – IV.
Wurzelsystem: flach, verfilzt.
Ansprüche: auf leichten, durchlässigen Böden, schwachsauer bis neutral mit pH-Werten von 4,5–6,5.
Verwendung: wie Calluna vulgaris.
Sorten: wegen der großen Zahl der Kulturformen wird an dieser Stelle auf das BdB-Handbuch II und auf die Kataloge der Baumschulen verwiesen. Dort siehe auch – x darleyensis, – tetralix, – cinerea, – vagans und Daboecia cantabrica.

Calycanthus floridus

Calycanthaceae

Echter Gewürzstrauch

3.2.5.5

Wuchs: Strauch, aufrecht wachsend, buschig verzweigt.
Höhe: 2 (–3) m.
Blätter: eiförmig-elliptisch, 5–12 cm, unterseits graugrün.
Blüten: dunkelrotbraun, Durchmesser 5 cm, stark duftend.
Wurzelsystem: fleischig, flach ausgebreitet.
Ansprüche: schwach alkalisch bis sauer, etwas feucht, ○ – ◑.
Eigenschaften: bedingt frosthart.
Verwendung: im Siedlungsbereich zur Einzelstellung und in Gruppen in Parkanlagen; im Hausgarten als Zierstrauch.

Campsis radicans

im Anhang auf Seite 155.

Caragana arborescens
Fabaceae
Erbsenstrauch
6.3.3.4

Wuchs: G-Strauch, baumartig, straff aufrecht.
Höhe: 3–5 (–6) m.
Blätter: gefiedert, 8–12paarig, wechselständig, bis 15 cm lang.
Blüten: in Büscheln, 1–5 Blüten, gelb, –V–.
Früchte: Fruchthülsen, walzenförmig, tiefbraun.
Wurzelsystem: Flachwurzler.
Ansprüche: völlig anspruchslos an Boden und Standort, ○ – ◑.
Eigenschaften: gedeiht auf ärmsten Böden, salzverträglich, windresistent.
Verwendung: Landschaftsgehölz, Deckstrauch zur Erstbegrünung, Pioniergehölz auf trockenen und/oder salzhaltigen Böden, Windschutz; im Siedlungsbereich auf Restflächen – bessere Sorten (s. u.).
Sorten: – – **'Lorbergii',** Gartenform mit etwas gefälligerem Wuchs als die Art, – – **'Pendula',** auf Hochstamm veredelte Hängeform.

Carpinus betulus
Betulaceae
Hainbuche, Weißbuche (W)
3.1.6.2

Wuchs: Baum, hochgewölbte, rundliche Krone, dicht, Stamm oft drehwüchsig, oft mehrstämmig.
Höhe: 5–20 (–25) m.
Blätter: länglich-eiförmig, zugespitzt, 5–10 cm; Herbstfärbung gelb.
Blüten: Kätzchen, unscheinbar, –V–.
Früchte: Nüßchen in dreilappiger Fruchthülle.
Wurzelsystem: Herzwurzler, hoher Feinwurzelanteil.
Ansprüche: auf frischen, kalk- und humushaltigen Böden, ○ – ●.
Eigenschaften: absolut frosthart, sehr schnittverträglich, verträgt hohen Grundwasserstand – jedoch keine Staunässe.
Verwendung: im Landschaftsbereich für Aufpflanzungen, Knicks, Windschutz, Straßenbegleitgrün; im Siedlungsbereich zur Einzelstellung und in Gruppen in Parks, an unbefestigten Wegen; klassisches Heckengehölz, da Laub teilweise bis Frühjahr hält (Sichtschutz, Windschutz, Formschnitt).
Sorten: – – **'Columnaris',** Wuchs schmal säulenförmig, besonders dicht verzweigt.

– – **'Fastigiata',** Wuchs regelmäßig kegelförmig.

Caryopteris x clandonensis 'Heavenly Blue'

Verbenaceae

Bartblume

6.1.1.8

Wuchs: K-Strauch, straff aufrecht, vieltriebig aus der Basis.
Höhe: bis ca. 1 m.
Blätter: länglich-lanzettlich, oben tiefgrün, unten graugrün, aromatisch duftend.
Blüten: Rispen, endständig verzweigt, dunkelblau, am jungen Holz, –VIII/IX–.
Wurzelsystem: Flachwurzler, Feinwurzeln.
Ansprüche: humusreicher, durchlässiger Boden, wind- und frostgeschützter Stand, ○.
Eigenschaften: bedingt frosthart, Wurzelschutz im Winter.
Verwendung: als Zierstrauch im Garten (Spätsommer-Blüher) in Verbindung mit Rosen, Zierstauden, an Terrassen und in Pflanzgefäßen.
Sorten: – – **'Kew Blue',** buschiger Wuchs, sehr reich blühend, Blüte dunkelblau.

Castanea sativa

Fagaceae

Edel-Kastanie, Eß-Kastanie, Marone – (W) – Ⓑ 2, 2, H

6.2.2.1

Wuchs: G-Baum, breit ausladende, oft schirmförmige Krone.
Höhe: 10–35 m.
Blätter: länglich-lanzettlich, bis 20 cm lang, glänzend dunkelgrün.
Blüten: grün-gelbe, aufrechte Ähren, bis 20 cm lang, –V–.
Früchte: grün, bestachelte, braune Nüsse, –IX/X–.
Verwendung: In der Landschaft in großen Mischpflanzungen, auch als Straßenbaum; im Siedlungsbereich als Dorf- und Hofbaum, als Solitär in Parkanlagen.
(weitere Hinweise: siehe BdB-Handbuch VI „Obstgehölze" und BdB-Handbuch VIII „Wildgehölze".)

Catalpa bignonioides
Bignoniaceae
Trompetenbaum
2.4.1.3

Wuchs: Baum, meist kurzer Stamm und breite, rundliche Krone.
Höhe: bis 15 m.
Blätter: herzförmig, groß, 10–20 cm lang; Herbstfärbung gelb.
Blüten: Rispen, 15–20 cm, mit glockenförmigen Blüten, weiß mit gelbgestreiftem Schlund, zahlreich, –VI/VII–.
Früchte: Kapseln, bis 30 cm lang, gebogen, lang haftend.
Wurzelsystem: Herzwurzler, dick, fleischig.
Ansprüche: bodentolerant, bevorzugt frische Böden auf geschütztem Standort, ○.
Eigenschaften: in der Jugend frostanfällig, ausgewachsen frosthart.
Verwendung: im Siedlungsbereich im Einzelstand in Parks und öffentlichen Grünanlagen; Blütengehölz für große Gärten.
Sorten: – – **'Nana',** K-Baum, Krone kugelförmig, später abflachend und doppelt so breit wie hoch.

Ceanothus x delilianus
Rhamnaceae
Säckelblume
9.1.1.6

Wuchs: K-Strauch bis Strauch, locker aufrecht, Triebe dünn, aus der Basis.
Höhe: 1,5 (–3) m.
Blätter: eilänglich, feingesägt, bis 8 cm.
Blüten: in Rispen, bis 10 cm, dunkelblauviolett, am einjährigen Holz, –VII/IX–.
Ansprüche: kultivierte Gartenböden, geschützte Lagen, ○.
Eigenschaften: bedingt frosthart, jährlicher Rückschnitt erforderlich.
Verwendung: im Garten als Zierstrauch (Farbe, Blüte im Spätsommer) zusammen mit Rosen, Stauden, Zwerggehölzen.
Sorten: **–x– 'Gloire de Versailles',** Blüte blau.
– x pallidus 'Marie Simon', Blüte rosa.

Celastrus orbiculatus
im Anhang auf Seite 156.

Cercidiphyllum japonicum
Cercidiphyllaceae
Katsurabaum
2.3.2.3

Wuchs: K-Baum bis G-Strauch, Krone pyramidal bis schirmförmig, meist mehrstämmig.
Höhe: 8–10 m.
Blätter: stumpf-herzförmig, an Kurztrieben fast kreisrund, im Austrieb bronzerot, im Herbst alle Gelbtöne bis Scharlachrot.
Blüten: zweihäusig, unscheinbare rote Blüten vor dem Austrieb, –IV–.
Früchte: ca. 5 cm lange Fruchthülsen.
Wurzelsystem: Herzwurzel mit hohem Feinwurzelanteil.
Ansprüche: anspruchslos, bevorzugt lehmige, nährstoffreiche Böden, ○.
Eigenschaften: etwas spätfrostgefährdet, nach Trockenperioden Blattwurf, benötigt Standorte mit ausreichender Wasserversorgung.
Verwendung: im Siedlungsbereich in Parks und anderen öffentlichen Grünanlagen (Herbstfärbung).

Cercis siliquastrum
Fabaceae
Judasbaum
6.1.1.4

Wuchs: G-Strauch, sparrig-verzweigt, seltener auch K-Baum.
Höhe: 4–6 (–8) m.
Blätter: rundlich herzförmig, stumpf, 7–12 cm lang, bläulich-grün, unten graugrün, Herbstfärbung goldgelb.
Blüten: in Büscheln zu 4–10, rosenrot, vor dem Laubaustrieb aus dem Holz der Zweige und älteren Stämme, –IV/V–.
Früchte: in Hülsen, braun, flach, 10–12 cm, langhaftend.
Wurzelsystem: kräftige, wenig verzweigte Hauptwurzeln, flach ausgebreitet.
Ansprüche: kalkhaltige Sand- und Lehmböden, geschützte Standorte, ○.
Eigenschaften: als junge Pflanze frostempfindlich, extrem hitze- und trockenresistent.
Verwendung: im Siedlungsbereich zum Einzelstand in öffentlichen Grünanlagen, auf Plätzen, vor Mauern und in großen Pflanzgefäßen; im Garten als Ziergehölz (Blüte, Habitus).

Chaenomeles

Chaenomeles japonica
Rosaceae
Niedrige Scheinquitte
9.2.2.6

Wuchs: K-Strauch, breitbuschig, sparrig mit dornigen Trieben.
Höhe: 1 (–2) m und genauso breit.
Blätter: breit eiförmig, stumpflich gesägt, oberseits glänzend dunkelgrün, unten heller.
Blüten: in Büscheln, orange-rot, zusammen mit den Blättern am vorjährigen Holz, zahlreich, –IV/V–.

Früchte: apfelförmig, 4–5 cm dick, gelb bis gelbgrün, duftend.
Wurzelsystem: verzweigt, sparrig, Ausläufer treibend.
Ansprüche: keine besonderen Bodenansprüche, ○ – ◑.
Verwendung: im Siedlungsbereich problemloses Gruppengehölz zur Vorpflanzung, für Böschungen, freigestaltete Hekken, Vogelschutz; im Hausgarten Blütengehölz für den Einzelstand und in Gruppen, in Kübeln und Trögen.
Sorten: siehe folgende Aufstellung.

Chaenomeles x superba
Chaenomeles – Hybriden

– – **'Andenken an Carl Ramcke',** bis 1,5 m, breitwüchsig, Blüten leuchtend zinnoberrot.
– – **'Crimson and Gold',** bis 1,0 m, Blüten dunkelrot mit gelben Staubgefäßen.
– – **'Elly Mossel',** bis 1,5 m hoch und 2 m breit, Blüten feuerrot, frühblühend.
– – **'Fire Dance',** bis 1,5 m, genauso breit, gedrungen, Blüten signalrot mit gelben Staubgefäßen.
– – **'Nicoline',** bis 1,5 m hoch und genauso breit, Blüten scharlachrot, sehr groß.

Chaenomeles speciosa
Rosaceae
Hochwachsende Zierquitte
9.2.2.5

Wuchs: Strauch, aufrecht mit ausladenden Zweigen.
Höhe: 2–3 m.
Blätter: spitzoval, 8 cm, dunkelgrün glänzend.
Blüten: in Büscheln, leuchtend rot, am vorjährigen Holz, zahlreich, –III/IV–.
Früchte: gelb-grün mit leichter roter Tönung, stark duftend.
Wurzelsystem: wie – japonica.
Eigenschaften: wie – japonica.
Sorten: **– speciosa 'Nivalis',** bis 2 m, Blüten rein-weiß, groß.
– speciosa 'Simonii', bis 1 m, flacher Wuchs, Blüten dunkelsamtrot, halbgefüllt.

Clematis montana var. rubens
Clematis Hybriden

im Anhang auf Seite 157.

Colutea arborescens

Leguminosae
Blasenstrauch – (W)
6.1.2.5

Wuchs: Strauch bis G-Strauch.
Höhe: 1–3 (–5) m.
Verwendung: Landschaftsgehölz, heimisches Wildgehölz, in der Landschaft und im Siedlungsbereich als Deck- und Gruppenstrauch auf Rohböden und in extremen Trockenlagen.
(Siehe auch BdB Handbuch VIII).

Cornus

Übersicht

Cornus – Cornaceae – *Hartriegel*

Die Gattung umfaßt etwa 40 Sorten sommergrüner Sträucher der nördlichen, gemäßigten Zone.

		Höhe in m
– alba *und Sorten*	G-Strauch	3 (–5)
– alternifolia	G-Strauch	–6
– canadensis	Z-Strauch	0,1–0,2
– controversa	K-Baum	8 (–10)
– florida *und Sorten*	G-Strauch	4–6 (8)
– kousa	G-Strauch	6 (–8)
– mas	G-Strauch	3–6 (8)
– nuttallii	G-Strauch	4–6
– sanguinea	G-Strauch	1–5 (8)
– stolonifera *und Sorten*	Strauch	2–3

Cornus alba

Cornaceae

Weißer Hartriegel

3.3.6.5

Wuchs: G-Strauch, breit aufrecht, im Alter bogig überhängend.
Höhe: 3 (–5) m.
Blätter: elliptisch-eiförmig, oberseits lebhaft grün, unterseits bläulich, Herbstfärbung gelb bis rot.
Blüten: Trugdolden, gelblich-weiß, –V–.
Früchte: weiß, unbedeutend.
Wurzelsystem: flach, dichtes Feinwurzelsystem.
Ansprüche: toleriert alle Böden, bevorzugt frische, humose Böden, ○ – ●.
Verwendung: in der freien Landschaft als Pioniergehölz, Windschutz, Deck- und Heckenstrauch, an Steh- und Fließgewässern; im Hausgarten Zierstrauch (Rindenfärbung, Blattzeichnung – siehe Sorten).

Sorten:
– – **'Argenteomarginata'**, (Syn. – –'Elegantissima') Rinde rot, Blätter weißgerandet und gefleckt.
– – **'Kesselringii'**, Rinde dunkelpurpurn, Blätter im Austrieb dunkelbraun, später bräunlich-grün.

– – **'Sibirica'**, Rinde leuchtend scharlachrot, Blätter grün,
– **'Sibirica Variegata'**, Rinde grün, Blätter weißrandig.

– – **'Spaethii'**, Rinde hellgrün bis braun, Blätter goldgelb gerandet.

Cornus alternifolia
Cornaceae
Etagen-Hartriegel
2.3.5.3

Wuchs: G-Strauch, breit-aufrecht, etagenförmig, baumartig.
Höhe: bis 6 m.
Blätter: breit eiförmig, 7–12 cm lang, oberseits frisch-grün, unterseits hellgrün; Herbstfärbung dunkelviolett.
Blüten: Trugdolden, weiß, –V/VI–.
Früchte: bläulich-schwarz, –IX–.
Ansprüche: wie – alba
Eigenschaften: glänzend purpurbraune Rinde.
Verwendung: im Siedlungsbereich als Ziergehölz zur Einzelstellung; im Garten als baumartiges Ziergehölz (Wuchsform, Rindenfärbung, Herbstfärbung).

Cornus canadensis
Cornaceae
Teppich-Hartriegel
1.1.2.8

Wuchs: staudenartig, kriechend, bodenbedeckend.
Höhe: 10–20 cm.
Blätter: immergrün, eiförmig, 2–4 cm lang, quirlständig.
Blüten: Brakteen, weiß, groß, grünlichrote Blüten, –VI–.

Früchte: erbsenförmig, zu mehreren, leuchtend hellrot.
Wurzelsystem: flach, unterirdische Ausläufer bildend.
Ansprüche: feucht, schwachsauer, ◑ – ●.
Verwendung: für flächige Pflanzungen im Siedlungsgrün und in Hausgärten.

Cornus controversa
Cornaceae
Hoher Etagen-Hartriegel
3.2.4.3

Wuchs: K-Baum, ausgeprägt waagerechte, in Etagen angeordnete Äste.
Höhe: 8 (–10) m und genauso breit.

Blätter: elliptisch, zugespitzt, 7–15 cm, dunkelgrün, unterseits bläulich, behaart; Herbstfärbung unterschiedlich rot-purpurrot.
Blüten: Trugdolden, weiß, 10–15 cm breit auffallend.
Früchte: blau-schwarz.
Wurzelsystem: Feinwurzeln, weit ausgebreitet, oberflächennah.
Ansprüche: wie – alba.
Eigenschaften: empfindlich gegen Trokkenheit, im Jugendstadium empfindlich.
Verwendung: im Siedlungsbereich als Ziergehölz im Einzelstand; ebenso im Garten als Hausbaum, (interessanter Habitus, Blüten).

Cornus florida
Cornaceae
Amerikanischer Blumen-Hartriegel
3.2.5.4

Wuchs: G-Strauch, breitbuschig, verzweigt oder K-Baum, kurzstämmig.
Höhe: 4–6 (8) m.
Blätter: breit-elliptisch, 7–15 cm; Herbstfärbung rötlich-scharlachrot.
Blüten: Brakteen, weiß, bis 9 cm, –V/VI–.
Früchte: eiförmig, scharlachrot unscheinbar.
Wurzelsystem: Flachwurzler, hoher Feinwurzelanteil.
Ansprüche: frischer, leicht saurer, humoser Boden, ○ – ◑.
Eigenschaften: empfindlich gegen Staunässe, Hitze und Trockenheit, kalkempfindlich, Blüte spätfrostgefährdet, im Jugendstadium empfindlich.
Verwendung: im Siedlungsbereich zur Einzelstellung als dekoratives, jedoch an den Standort anspruchsvolles Ziergehölz; gleichfalls zur Einzelstellung in großen Gärten (Wuchsform, Blüte, Herbstfärbung) in wintermilden Zonen.

Sorten: – – **f. rubra,** wie vor, Blüten rosa bis rot.

Cornus kousa
Cornaceae
Japanischer Blumen-Hartriegel
2.3.5.4

Wuchs: G-Strauch oder K-Baum, straff aufrecht mit breiter Krone und etagenförmig angeordneten Seitenästen.
Höhe: 6 (–8) m.
Blätter: eiförmig elliptisch, 5–9 cm, oben dunkelgrün, unten blaugrün; Herbstfärbung scharlachrot.
Blüten: Brakteen, 4 spitz-eiförmige, überkreuz stehende Hochblätter, weiß, –V/VI–.
Früchte: rosarot, 2 cm Ø, gestielt, –VIII/IX–.

Ansprüche: frische, leicht saure, humose Böden, ○ – ◑.
Eigenschaften: ausreichend frosthart, bevorzugt kühle, feuchte Böden, kalkmeidend, Blüte spätfrostgefährdet, im Jugendstadium empfindlich.
Verwendung: im Siedlungsbereich zur Einzelstellung in Parks, auf Friedhöfen; in Gärten als Hausbaum (Wuchsform, Blüten).
Sorten: – – **var. chinensis** Wuchs etwas stärker als C. kousa.

Cornus mas
Cornaceae
Kornelkirsche (W) – (B) 2, 3
6.3.3.4

Wuchs: G-Strauch, aufstrebende Äste, sparrig verzweigt, oft mehrstämmig, im Alter oft baumartig, breitbuschig oder rundkronig.
Höhe: 3–6 (8) m.
Blätter: elliptisch, glänzend grün, unterseits bläulich.
Blüten: kleine Dolden, gold-gelb, –III/ IV– am zweijährigen Holz.
Früchte: kirschähnlich, rot – dunkelrot, eßbar, –VIII/IX–.
Ansprüche: frische Lehm- und Humusböden, neutral – alkalisch, ○ – ◑.

Eigenschaften: fruchtendes Wildgehölz für die Gewinnung von Gelees und Säften, Stadtklima gut vertragend.
Verwendung: in der Landschaft als robustes Gehölz für Hecken, Wind- und Vogelschutz; im Siedlungsbereich wie vor und für Kübel und Container; im Hausgarten Ziergehölz (Blüten).

Cornus nuttallii
Cornaceae
7.2.4.4

Wuchs: G-Strauch, aufrecht wachsend, später breiter werdend.
Höhe: 4–6 m.
Blätter: elliptisch – eiförmig, 8–12 cm lang; Herbstfärbung orange-rot.
Blüten: eigentliche Blüte unscheinbar, umgeben von 6 großen, gelblich-weißen Brakteen, –V–.
Ansprüche: wie – kousa.
Eigenschaften: im Jugendstadium empfindlich.
Verwendung: zur Einzelstellung in Parks und im Garten, elegantes Solitärgehölz.

Cornus nuttallii

Cornus sanguinea

Cornaceae

Roter Hartriegel (W) – Ⓑ 3, 5

2.4.6.4

Wuchs: G-Strauch, aufrecht wachsend, später breitwüchsig.
Höhe: 1–5 (8) m.
Blätter: elliptisch, Rand etwas gewellt, 4–10 cm, dunkelgrün; Herbstfärbung flammendrot.
Blüten: Trugdolden, weiß, –V/VI–.
Früchte: rund, schwarz-violett mit Punkten.
Wurzelsystem: dicht verzweigt, oberflächennahe Feinwurzeln.
Ansprüche: wie – alba.
Verwendung: in der Landschaft als Pioniergehölz, alle Schutzpflanzungen, Eingrünungen, Knicks, Verkehrsbegleitgrün; im Siedlungsbereich als Vorpflanzung (Ausläufer bildend).

Cornus stolonifera

(Syn. Cornus sericea)

Cornaceae

Gelbholz-Hartriegel

1.1.3.5

Wuchs: Strauch, ähnlich wie – alba, mit oft niederliegenden Zweigen und Trieben.
Höhe: 2 m.
Blätter: wie – alba.
Blüten: –V/VI–.
Wurzelsystem: Flachwurzler, Feinwurzeln dicht verzweigt.
Ansprüche: wie – alba.
Verwendung: im Siedlungsbereich und im Garten als Zierstrauch (Rinde leuchtend hellgrün-gelb) zur Einzelstellung und in Gruppen.

Sorten: – – **'Flaviramea',** Rinde leuchtend gelblich-grün, 2–3 m hoch.

– – **'Kelsey's Dwarf',** Blätter frischgrün, 0,6–0,8 m hoch, breitwachsend, guter Flächendecker.

Corylopsis pauciflora
Hamamelidaceae
Scheinhasel
7.2.4.5

Wuchs: K-Strauch, breitbuschig, feintriebig.
Höhe: 1,5 m, oft breiter als hoch.
Blätter: eiförmig, spitz, bis 7 cm lang, unten bläulich-grün, im Austrieb rötlich; Herbstfärbung gelb.
Blüten: Glöckchen zu 2–3 in kurzen hängenden Trauben, hellgelb, zahlreich, leicht duftend, –III/IV–.
Wurzelsystem: Flachwurzler, filzig.
Ansprüche: kultivierte, humose Gartenböden, windgeschützte Lagen, ○ – ◑.
Eigenschaften: im Austrieb frostgefährdet, Winterschutz empfehlenswert.
Verwendung: im Garten als Blütengehölz – Frühjahrsblüher, in Innenhöfen, in Pflanzgefäßen.

Corylopsis spicata
Hamamelidaceae
Hohe Scheinhasel
7.2.4.6

Wuchs: Strauch, locker, sparrig wachsend.
Höhe: 1–2 m.
Blätter: eirund, 10 cm, blau-grün glänzend; Herbstfärbung gelb-orange.
Blüten: hängende Trauben, duftend, gelb, –IV/V–.
Wurzelsystem: wie – pauciflora.
Ansprüche: wie – pauciflora.
Eigenschaften: wie – pauciflora.
Verwendung: wie – pauciflora.

Corylus avellana
Corylaceae
Haselnuß, Wald-Hasel – (W)
– (B) –, 3, H
3.1.6.4

Wuchs: G-Strauch, breit aufrecht, vielstämmig aus der Basis, später schirmförmig.
Höhe: 4–6 m.
Blätter: rundlich-herzförmig, bis 10 cm, frischgrün, Herbstfärbung gelb.
Verwendung: Landschaftsgehölz, in der freien Landschaft für Schutzpflanzungen aller Art, Knicks, Mischpflanzungen und Unterholz; im Siedlungsbereich als Zierstrauch, für Eingrünungen; im Hausgarten als Zierstrauch (Fruchtgehölz).

Sorten: – **'Contorta',** etwa 2 m hoch, Triebe korkenzieherartig verdreht, für Einzelstellung in Gärten, an Terrassen, in Kübeln.

Corylus colurna
Corylaceae
Baum-Hasel – (W)
3.1.3.2

Wuchs: Baum, regelmäßige, kegelförmige, sich verjüngende Krone, gerader durchgehender Stamm.
Höhe: 8 (–12) m.
Blätter: breit-eiförmig, 8–12 cm, dunkelgrün; Herbstfärbung gelb.
Blüten: grün-gelbe Kätzchen, bis 12 cm, zu mehreren, –III/IV–.
Früchte: Nüsse, in Büscheln, kugelig, in stark verschlitzten Fruchtbechern, sehr zahlreich, eßbar, –VIII/IX–.
Wurzelsystem: herzförmig.
Ansprüche: frische, tiefgründige Böden, auch in trockenen Lagen, ○.
Eigenschaften: winterhart, kalkverträglich, extrem trockenresistent, Stadtklima vertragend.
Verwendung: in der Landschaft und im Siedlungsbereich für Einzelstand, als Gruppenpflanzung, gut geeignet als Straßenbaum.

Corylus maxima 'Purpurea'
Corylaceae
Purpur-Hasel
9.1.3.4

Wuchs: G-Strauch, buschig aufrecht.
Höhe: bis 4 m, Breite bis 4 m.
Blätter: rund-eiförmig, 5–12 cm lang, 4–10 cm breit, leicht gelappt, ausdauernd schwarz-rot.
Blüten: Kätzchen, rötlich, bis 6 cm lang, –II/IV–.
Früchte: in Fruchthüllen, rotbraun, bis 2 cm, eßbar.
Wurzelsystem: flach, ausschlagfähig.
Ansprüche: wie – avellana, wärmeliebend.
Verwendung: im Siedlungsbereich als schattenverträglicher Deckstrauch; im Garten als Zierstrauch (Blattfarbe, Fruchtgehölz).

Cotinus coggygria
Anacardiaceae
Grüner Perückenstrauch
6.3.2.4

Wuchs: Strauch bis G-Strauch, breitbuschig.
Höhe: 2–3 (–5) m.
Blätter: eiförmig-elliptisch, lebhaft grün; Herbstfärbung orange bis rot.

Blüten: Rispen, 15–20 cm, grün-gelb.
Früchte: Fruchtstände (Rispen), 15–20 cm lang und ebenso breit, perückenartig ausgeformt, rötlich, zahlreich, auffallend.
Wurzelsystem: Flachwurzler.
Ansprüche: in nahrhaften, kalkhaltigen Böden, geschützte Lagen, ○.
Eigenschaften: trockenresistent, anspruchslos.
Verwendung: im Siedlungsbereich zur Einzelstellung; im Garten als Zierstrauch.
Sorten: – – **'Royal Purple',** Wuchs 2–3 m, strauchartig, etwas schwächer als die Art, Blätter dunkel-metallisch-rot, Rinde dunkelrot – rot-braun, sonst wie die Art.

Cotoneaster

Übersicht

Cotoneaster – Rosaceae – *Mispel*

Formenreiche Gattung mit ca. 50 Arten aus immergrünen (i), wintergrünen (w) und sommergrünen (s) Sträuchern.

		Höhe in m
– **adpressus**	Z-Strauch (s)	0,25
– **bullatus**	Strauch (s)	2–3
– **conspicuus 'Decorus'**	Z-Strauch (i)	0,3–1
– **dammeri** *(Sorten)*	Z-Strauch (i)	0,5–1
– **dielsianus**	Strauch (s)	– 2
– **divaricatus**	Strauch (s)	– 2
– **franchetii**	Strauch (w)	– 2
– **horizontalis**	K-Strauch (s)	0,7–1,5
– **lucidus**	Strauch (s)	2–3
– **microphyllus**	Z-Strauch (i)	0,3–0,4
– **multiflorus**	Strauch (s)	3–4
– **praecox**	Z-Strauch (s)	0,8–1,2
– **salicifolius var. floccosus**	Strauch (i)	3 (–5)
– **x watereri**	Strauch (w)	2,5–4

Cotoneaster

Cotoneaster lucidus

(Syn: C. acutifolius)
Rosaceae
Spitzblättrige Strauchmispel,
Peking Strauchmispel
6.3.3.5

Wuchs: Strauch, anfangs straff aufrecht, später breitwachsend mit überhängenden Trieben.
Höhe: 2–3 m.
Blätter: eiförmig-elliptisch, 2–5 cm lang, glänzend grün; Herbstfärbung braun-rot.
Blüten: in Dolden, rosa, klein unscheinbar, streng duftend, –V/VI–.
Früchte: elliptisch, schwarz, auffallend.
Wurzelsystem: Tiefwurzler.
Ansprüche: humoser Gartenboden, ○ – ◑.
Eigenschaften: sehr winterhart, anspruchslos.
Verwendung: bedingt empfehlenswert – da feuerbrandgefährdet.

Cotoneaster adpressus

Rosaceae
Kissenmispel,
Niedrige Zwergmispel
8.2.1.7

Wuchs: Z-Strauch, niederliegend, kriechend.
Höhe: 0,25 m, bis 1 m breit.
Blätter: breit-eiförmig mit kleiner Spitze und gewelltem Rand, 0,5–1,5 cm lang, stumpfgrün, lang anhaftend.
Blüten: rötlich, etwas duftend, –V/VII–.
Früchte: Beeren, eirundlich, rot.
Wurzelsystem: Flachwurzler.
Ansprüche: bodentolerant, ○ – ◑.
Eigenschaften: robust und industriefest.
Verwendung: im öffentlichen Grün und im Hausgarten als Bodendecker – vergleichbarer Wuchstyp, jedoch laut Gehölzsichtung deutlich besser – dammeri 'Coral Beauty', – dammeri 'Eichholz' und – dammeri 'Jürgl' (siehe: – dammeri).

Cotoneaster bullatus

Rosaceae
Großblättrige Strauchmispel,
Runzelige Steinmispel.
9.3.2.4

Wuchs: Strauch, breit ausladend, im Alter weit überhängend.
Höhe: 2–3 m.
Blätter: eilanzettlich, spitz, dunkelgrün-runzelig; Herbstfärbung rot – orange.
Blüten: gebüschelt, rosarot, –VI–.
Früchte: Beeren, kugelig, hellrot, –VIII/X–.
Wurzelsystem: dicke Hauptwurzel, ausgebreitet.
Ansprüche: normaler Gartenboden, ○ – ◑.
Eigenschaften: feuerbrandgefährdet.
Verwendung: begrenzt in Einzelstellung da feuerbrandgefährdet.

Cotoneaster conspicuus – 'Decorus'
Rosaceae
7.1.2.6

Wuchs: Z-Strauch, kompakt-mattenförmig.
Höhe: 0,3–1,0 m.
Blätter: elliptisch, glänzend dunkelgrün.
Blüten: einzeln, weiß, sehr zahlreich, –V–.
Früchte: Beeren, orangerot, zahlreich, auffallend.
Ansprüche: wie – dammeri.
Eigenschaften: bedingt winterhart.
Verwendung: wie – dammeri.

Cotoneaster dammeri
Rosaceae
Zwergmispel, Teppichmispel
7.1.2.7

Sortenübersicht
Auswahl laut Gehölzsichtung – Bundessortenamt (BSA) und Bund deutscher Baumschulen (BdB) e. V. 1981–1986.

– – **'Coral Beauty',** * * *
immergrüner Zwergstrauch mit langen, teils kriechenden, teils bogig überhängenden verzweigten Trieben; Höhe bis 1,0 m und erheblich breiter, Früchte leuchtend rot und zahlreich, gute Frosthärte.
– – **'Eichholz',** * * *
Zwergstrauch, Wuchs etwas niedriger und kompakter wie vor, tiefdunkelrote Früchte in geringer Menge, gute Frosthärte.
– – **'Holsteins Resi',**
Zwergstrauch, H 0,2–0,3, Wuchs flach, dicht, Früchte rot, feuerbrandresistent
– – **'Jürgl',** * * *
Zwergstrauch mit leicht bogig überhängenden bis liegenden Zweigen, Höhe bis 0,5 m, Früchte leuchtendrot, zahlreich, gute Frosthärte.
– – **'Skogholm',** * *
Zwergstrauch, bogig überhängend bis liegend, Fruchtansatz in der Regel gering, vereinzelt Herbstfärbung, Frosthärte im allgemeinen gut.
– – **'Thiensen',** Zwergstrauch, H 0,1–0,2, Wuchs sehr flach, Blatt sehr groß, glänzend, Früchte rot, feuerbrandresistent.

– – **'Streib's Findling',**
Zwergstrauch, langsam wachsend, Zweige auf dem Boden liegend, rot fruchtend, Frosthärte im allgemeinen gut.
– – **var. radicans,** (Syn. – – 'Major') Zwergstrauch, kriechend, bis 10 m.

Cotoneaster dielsianus
Rosaceae
Graue Strauchmispel
6.3.2.5

Wuchs: Strauch, breit aufrecht, locker verzweigt, bogig überhängende Zweige.
Höhe: bis 2 m.
Blätter: eirundlich, 1–1,5 cm lang, dunkelgrün, unterseits gelb-filzig; Herbstfärbung rötlich-gelb.

Blüten: Doldentrauben, klein, rosa Blüten, –VI–
Früchte: Beeren, erbsengroß, scharlachrot, ab VIII, sehr zahlreich.
Wurzelsystem: Flachwurzler.
Ansprüche: in allen Gartenböden, ○ – ◑.
Eigenschaften: feuerbrandgefährdet.
Verwendung: zur Einzelstellung, bedingt geeignet – da feuerbrandgefährdet.

Cotoneaster divaricatus

Rosaceae
Breite Strauchmispel – Ⓑ 4, –
6.3.2.5

Wuchs: Strauch, breit und bogig wachsend, fächerförmig abstehende Zweige.
Höhe: bis 2 m und deutlich breiter.
Blätter: elliptisch, 1,0–1,25 cm lang, glänzend dunkelgrün; Herbstfärbung scharlachrot.
Blüten: weiß, unscheinbar, –VI–.
Früchte: eiförmig, dunkelrot, –V/X–.
Wurzelsystem: Flachwurzler.
Ansprüche: normale Gartenböden, ○ – ◑.
Eigenschaften: feuerbrandgefährdet, sehr winterhart, kalkverträglich, schnittverträglich.
Verwendung: als Zierstrauch zur Einzelstellung, bedingt geeignet – da feuerbrandgefährdet.

Cotoneaster franchetii

Rosaceae
Immergrüne Strauchmispel
6.3.4.5

Wuchs: Strauch, aufrecht, lang überhängende Triebe.
Höhe: bis 2 m.
Blätter: halbimmergrün, bei mildem Klima auch immergrün, breit-lanzettlich, oberseits glänzend grün, unterseits silbergraufilzig.
Blüten: an Kurztrieben, weißlich-rosa, –VI–.
Früchte: eiförmig, orange-rot, zahlreich, –V/VI–.
Wurzelsystem: Flachwurzler.
Ansprüche: auf guten Gartenböden, auch trockene Standorte, in geschützten Lagen.
Eigenschaften: feuerbrandgefährdet, bedingt frosthart, Bodenschutz im Winter.
Verwendung: zur Einzelstellung bedingt geeignet – da feuerbrandgefährdet.
Sorten: siehe auch – – **var. sternianus,** Früchte länglich orangerot, Blätter glänzend, sonst wie die Art.

Cotoneaster horizontalis

Rosaceae
Fächermispel – Ⓑ 4, –
7.1.2.6

Wuchs: K-Strauch, freistehend niedrig, flach wachsend, ausgebreitet mit fischgrä-

tenartig verzweigten Trieben; an Mauern aufgerichtet.
Höhe: 0,7–1,5 m und bis 3,0 m breit.
Blätter: eiförmig, schwach zugespitzt, glänzend dunkelgrün, unten heller; Herbstfärbung rötlich.
Blüten: weiß bis zartrosa, –VI–.

Früchte: Beeren, erbsengroß, korallenrot, zahlreich, –IX-Frühjahr–.
Wurzelsystem: Flachwurzler.
Ansprüche: keine besonderen Ansprüche, ○ – ◑.
Eigenschaften: gute Frosthärte, guter Fruchtansatz, Stadtklima vertragend, sehr gute Sorte laut Bundesgehölzsichtung.
Verwendung: im Siedlungsbereich in öffentlichen Grünanlagen einzeln und in Gruppen, für Böschungen und zur Vorpflanzung; im Hausgarten zur Vorpflanzung vor Mauern und Wänden, Begrünung von Mauerkronen, an Treppenwangen und zur Einzelstellung in großen Steingärten und Pflanzgefäßen.

Cotoneaster microphyllus
Rosaceae
Immergrüne Kissenmispel
6.3.2.6

Wuchs: Z-Strauch, Zweige flach gewölbt bis niederliegend.
Höhe: 0,3–0,4 m.
Blätter: immergrün, oberseits glänzend dunkelgrün, unterseits weiß behaart.
Blüten: einzeln, weiß, am mehrjährigen Holz, –V/VI–.
Früchte: Beeren, rot ab IX.
Wurzelsystem: Flachwurzler.
Ansprüche: alle Bodenarten, sauer bis alkalisch, geschützt, ○.
Eigenschaften: bedingt winterhart, nur im Weinbauklima verwenden.

Sorten: – – **var. cochleatus,** etwas niedriger, sonst wie die Art, etwas frosthärter.

Cotoneaster multiflorus
Rosaceae
Blütenmispel
6.3.2.5

Wuchs: Strauch bis G-Strauch, breit mit bogig überhängenden Zweigen.
Höhe: 3–4 m.
Blätter: breiteiförmig, oben frischgrün, unterseits graugrün.
Blüten: Doldenrispen mit bis zu 20 Blüten, weiß bis zartrosa, sehr zahlreich, –V/VI–.
Früchte: eirund, rot, –VIII/IX–.
Wurzelsystem: Flachwurzler.

Cotoneaster

Ansprüche: anspruchslos, ○ – ◑.
Eigenschaften: feuerbrandgefährdet.
Verwendung: im Siedlungsbereich und in Hausgärten zur Einzelstellung, begrenzt verwendbar – da stark feuerbrandgefährdet.

Cotoneaster praecox
Rosaceae
Felsenmispel
7.1.2.7

Wuchs: Z-Strauch, bogig überhängend, abwärts gerichtet, sparrig.
Höhe: 0,8–1,2 m.
Blätter: eirundlich mit stark gewelltem Rand, glänzend grün, Herbstfärbung rot.
Blüten: weiß bis rosa, groß, –V–.
Früchte: kugelig, groß, lebhaft rot, –VIII/IX–.
Wurzelsystem: Flachwurzler.
Ansprüche: anspruchslos, ○ – ●.
Verwendung: im Siedlungsbereich für Böschungsbepflanzung, Pflanzbeete und Kübel, Parkanlagen und Friedhöfe; im Hausgarten für Terrassen, Steingärten, Pflanzbeete und Tröge.
Sorten: – – **'Boer'**, aufrecht, ähnlich – praecox, Blätter wenig gewellt, guter Fruchtansatz, dunkelrot, gute Frosthärte.

Cotoneaster salicifolius var. floccosus
Rosaceae
Immergrüne Strauchmispel, weidenblättrige Hängemispel
6.3.4.4

Wuchs: Strauch bis G-Strauch, aufrecht, mehrtriebig, mit bogig überhängenden Zweigen.
Höhe: 3 (–5) m.
Blätter: immergrün, länglich-lanzettlich, oberseits dunkelgrün runzelig, unterseits dicht filzig.
Blüten: Doldenrispen, vielblütig, weiß, –VI–.
Früchte: kugelförmig zu mehreren, korallenrot, –IX/X–.
Wurzelsystem: Tief- und Flachwurzler.
Ansprüche: alle Gartenböden, geschützte Standorte, ○ – ◑.
Eigenschaften: extrem feuerbrandgefährdet, bedingt frosthart.
Verwendung: kann wegen seiner FeuerbrandAnfälligkeit nicht empfohlen werden.

Sorten: – – **'Herbstfeuer',** nur Liebhabersorte.
– – **'Parkteppich',** Z-Strauch mit überhängenden bis liegenden Zweigen, geringer Fruchtbesatz, Frosthärte im allgemeinen gut.

Cotoneaster x watereri

Rosaceae
Wintergrüne Strauchmispel
9.3.1.4

Wuchs: Strauch bis G-Strauch, Zweige schräg aufwärts wachsend und leicht überhängend.
Höhe: 2,5–4,0 m und bis 4 m breit.
Blätter: elliptisch, 7–10 cm lang, stumpfgrün; Herbstfärbung teilweise rot, wintergrün.
Blüten: Doldentrauben, groß, weiß, –VI–.
Früchte: Beeren in großen Büscheln, hellrot glänzend, sehr zahlreich, –IX/XII–.
Wurzelsystem: ausgebreitete Hauptwurzel.
Ansprüche: keine besonderen Ansprüche. ○ – ◑.
Eigenschaften: feuerbrandgefährdet, bevorzugt windgeschützte Lagen, Winterschutz empfehlenswert, schnittverträglich.
Verwendung: zur Einzelstellung begrenzt empfehlenswert – da feuerbrandgefährdet.

Sorten: – – **'Cornubia',** ähnlich der Art, reichfruchtend, langanhaftende, leuchtendrote Früchte.

– – **'Pendulus',** normalerweise niederliegend, daher oft an Stäben gezogen mit senkrecht herabhängenden Seitenzweigen, zahlreiche, große rote Früchte.

Crataegus pedicellata

(Syn. C. coccinea)
Rosaceae
Scharlach-Dorn
3.1.4.3

Wuchs: G-Strauch oder K-Baum, breit aufrecht, häufig mehrstämmig.
Höhe: 5–7 m.

Blätter: breit-eiförmig, gelappt, grobgesägt; Herbstfärbung gelb.
Blüten: Doldenrispen, weiß, bis 10 cm, am mehrjährigen Holz, streng duftend, –V/VI–.
Früchte: Beeren, scharlachrot, –VIII/XI–.
Wurzelsystem: Tiefwurzler, grob verzweigt.
Ansprüche: alle Böden, neutral bis stark alkalisch, ○ – ◑.
Eigenschaften: frosthart, sehr gesund, verträgt Trockenheit und zeitweilige Nässe, auffallender Fruchtschmuck.
Verwendung: in der Landschaft für Einzelstand, Gruppenpflanzungen, Hecken und an Straßen; im Siedlungsbereich an Straßen und auf Plätzen; im Garten als Ziergehölz für Einzelstand als Hausbaum.

Crataegus crus-galli
Rosaceae
Hahnendorn
6.4.3.4

Wuchs: K-Baum oder G-Strauch, meist mehrstämmig, Krone breit, sparrig, dicht verzweigt.
Höhe: 6–8 m.
Blätter: verkehrt-eiförmig, ledrig dunkelgrün, Herbstfärbung gelb/rot.
Blüten: Doldenrispen, vielblütig, 1,5 cm breit, am mehrjährigen Holz, streng duftend, –V/VI–.

Früchte: Beeren, 1,5 cm dick, stumpfrot, sehr zahlreich, lang haftend.
Wurzelsystem: Tiefwurzler mit weitstreichenden Seitenwurzeln.
Ansprüche: tiefgründige, neutrale bis stark kalkhaltige Böden, ○ – ◑.
Eigenschaften: starken Schnitt vertragend, Fruchtstrauch.
Verwendung: in der Landschaft für Abpflanzungen, Sichtschutz, Gehölzränder, Straßenbegleitgrün; im Siedlungsbereich wie vor und in Kübeln und Containern; im Garten als kleinkroniger Zierbaum.

Crataegus laevigata –
(Syn: C. oxyacantha)
Rosaceae
Zweigriffliger Weißdorn (W)
– ⟨B⟩ 3, 3
3.3.4.4

Wuchs: G-Strauch, unregelmäßig aufgebaut.
Höhe: 2–5 (10) m.
Blätter: gelappt, 3–5lappig, verkehrt eiförmig, oberseits glänzend dunkelgrün, unterseits matt-hellgrün.
Verwendung: in der Landschaft als Pioniergehölz, für Schutz- und Mischpflanzungen und im Straßenbegleitgrün; im Siedlungsbereich als Ziergehölz.

Sorten: – – **'Paul's Scarlet'**, *Rot-Dorn,* K-Baum, Krone locker, breit-kegelförmig, Höhe bis 7 m, Blütendolden leuchtend karminrot, gefüllt, 8 cm Ø, starken Schnitt vertragend.

Crataegus x lavallei

(Syn. C. carrierei)
Rosaceae
Apfeldorn
6.3.3.3

Wuchs: K-Baum, auch strauchartig, Krone halbkugelig, dicht.
Höhe: 5–7 m.
Blätter: elliptisch bis länglich, 5–12 cm, glänzend dunkelgrün; Herbstfärbung gelbrot, langanhaltend.
Blüten: einzeln, weiß bis rosa, 2 cm groß, streng duftend, –V–.
Früchte: kugelig, bis 2 cm Ø, rot, langhaftend, ab VIII.
Wurzelsystem: Tiefwurzler, ausgebreitet.
Ansprüche: alle Böden, neutral bis stark alkalisch, ○ – ◑.
Eigenschaften: trägwüchsig, Fruchtstrauch.
Verwendung: in der Landschaft und im Siedlungsbereich als kleinkroniger Straßenbaum, in Grünanlagen; im Garten oder Vorgarten.

Crataegus monogyna

Rosaceae
Eingriffliger Weißdorn – (W) – ⟨B⟩ 3, 3
3.1.6.4

Wuchs: G-Strauch oder K-Baum, unregelmäßig rundkronig bis schirmförmig.
Höhe: 2–6 (10) m.
Blätter: gelappt, 5–7lappig, bis 4 cm, oberseits dunkelgrün, unterseits bläßlichgrün.
Verwendung: in der Landschaft für Eingrünungen, als Gruppengehölz, in Misch- und Schutzpflanzungen zur Rekultivierung; im Siedlungsbereich im Verkehrsbegleitgrün; trotz Feuerbrand-Anfälligkeit wertvolles Landschaftsgehölz – Distanz zu Obstanbau geboten.
Sorten: – –**'Stricta'** (Syn.: – 'Fastigiata'), *Säulenweißdorn,* K-Baum, Krone säulenförmig, später oval, Höhe 4–6 m.

Crataegus/Cytisus

Crataegus x prunifolia
Rosaceae
Pflaumen-Dorn
9.1.3.4

Wuchs: G-Strauch oder K-Baum, sparrig, dicht verzweigt, Krone kegelförmig.
Höhe: 6–7 m.
Blätter: breit elliptisch, bis 6 cm, glänzend dunkelgrün; Herbstfärbung flammend gelb und rot.
Blüten: Doldenrispen, weiß, 8 cm Ø, streng duftend, –V/VI–.
Früchte: kugelig, scharlachrot, zahlreich, ab VIII, langhaftend.
Wurzelsystem: Tiefwurzler.
Ansprüche: alle Böden, neutral bis stark alkalisch, ○ – ◑.
Eigenschaften: auffallender Fruchtschmuck.
Verwendung: im Siedlungsbereich als Gruppengehölz, im Straßenbegleitgrün; im Garten als Hausbaum, für freiwachsende (stark bedornte) Hecken.
Sorten: –x– 'Splendens', Kleinbaum mit breiter, kompakter Krone, Höhe 5–6 m, sonst wie die Art.

Cytisus x beanii
Fabaceae
Duftender Kriech-Ginster
5.1.1.7

Wuchs: Z-Strauch, niedrig bis kriechend.
Höhe: bis 0,4 m, Breite bis 0,8 m.
Blätter: einfach, linealisch, behaart.
Blüten: Schmetterlingsblüten, 1–3, gelb, zahlreich, –V–.
Wurzelsystem: Tiefwurzler, fleischig, Stickstoffsammler, konkurrenzschwach.
Ansprüche: leicht durchlässige, mäßig trockene Böden, ○.
Eigenschaften: winterhart, wie alle Ginster in allen Pflanzenteilen giftig.
Verwendung: im Garten in Gruppen, in Kombination mit Stauden und Gräsern.

Cytisus decumbens
Fabaceae
Kissen-Ginster
6.1.2.7

Wuchs: Z-Strauch, flach niederliegend, dichtbuschig.
Höhe: 0,2 m und bis 0,6 m breit.
Blätter: einfach lanzettlich, 8–20 mm lang.
Blüten: in Grüppchen zu 1–3, leuchtend

gelb, am einjährigen Holz, zahlreich, –V/VI–.
Wurzelsystem: wie – beanii.
Ansprüche: wie – beanii.
Eigenschaften: anspruchslos, winterhart, liebt trockene, felsige Südlagen.
Verwendung: im Garten als Zierstrauch (Blütenstrauch) für Steingärten, Heidegärten und Tröge.

Cytisus x kewensis
Fabaceae
Niedriger Elfenbein-Ginster
6.3.2.7

Wuchs: Z-Strauch, flach niederliegend, locker überhängend.
Höhe: 0,3–0,5 m und bis 1,0 m breit.
Blätter: linealisch, behaart, dunkelgrün.
Blüten: Schmetterlingsblüten, 1–3, weiß bis creme, entlang den vorjährigen Trieben, rahmweiß, –V–.
Wurzelsystem: wie – beanii.
Ansprüche: wie beanii.
Eigenschaften: kalkliebend.
Verwendung: wie vor.

Cytisus nigricans
Fabaceae
Schwarzer Ginster (W)
6.1.2.6
Siehe BdB Handbuch VIII „Wildgehölze“

Cytisus x praecox
Fabaceae
Schmuck-Ginster
5.2.1.6

Wuchs: Strauch, buschig, dichttriebig, bogig überhängende Triebe.
Höhe: bis 2 m.
Blätter: einfach lanzettlich bis linealisch, 2 cm lang, seidig behaart.
Blüten: Schmetterlingsblüten, 1–2, entlang den Zweigen, rahmweiß, –IV/V–.
Wurzelsystem: wie – beanii.
Ansprüche: wie – beanii.
Eigenschaften: bedingt winterhart, kalkfeindlich.
Verwendung: im Siedlungsbereich in Parkanlagen; im Garten als Zierstrauch in Heidegärten, Steingärten, an Böschungen.

Sorten: –x– **'Allgold'** –, Blüten gelb.
–x– **'Hollandia'**, Blüten außen rubin, innen malvenfarben

Cytisus purpureus
Fabaceae
Purpur-Ginster
6.3.2.7

Wuchs: K-Strauch, strauchartig, aufrecht, locker.
Höhe: 0,4–0,6 m und genauso breit.
Blätter: verkehrt eiförmig, tiefgrün.
Blüten: Schmetterlingsblüten, zu 1–4, entlang den Zweigen am mehrjährigen Holz purpurn, –V/VI–.
Wurzelsystem: wie – beanii.
Ansprüche: wie – beanii.
Eigenschaften: winterhart, Ausläufer treibend.
Verwendung: im Siedlungsbereich als Zierstrauch einzeln und in Gruppen; im Hausgarten – Blütenstrauch für Steingärten, Heidegärten, in Kübeln und Trögen.

Cytisus ratisbonensis
Fabaceae
Regensburger Ginster (W)
6.1.2.7
Siehe BdB-Handbuch VIII „Wildgehölze"

Cytisus scoparius
Fabaceae
Besen-Ginster (W) – ⟨B⟩ 4, 2
4.1.1.5

Wuchs: Strauch, besenartig, aufrecht, vieltriebig.
Höhe: 1–2 m gelegentlich auch höher.
Blätter: lanzettlich, drei-zählig, behaart.
Blüten: Schmetterlingsblüten, groß, goldgelb, achselständig an mehrjährigem Holz, sehr zahlreich, stark süßlich duftend, –V/VI–.
Wurzelsystem: wie – beanii.
Ansprüche: wie beanii.
Eigenschaften: trockenresistent, kalkfeindlich.
Verwendung: in der Landschaft als Pionierpflanze bei Rekultivierungen, zur Bodenbefestigung, als Stickstoffsammler; im Siedlungsbereich an Straßen, Böschungen, in Mischpflanzungen; im Hausgarten als Zierstrauch – Blütengehölz, in Vorgärten, Heidegärten, Steingärten und vergleichbaren Pflanzengemeinschaften.

Sorten: – scoparius – Hybriden
– – **'Andreanus Splendens'**, Fahne gelb, Flügel rotbraun mit gelbem Rand.
– – **'Burkwoodii'**, Fahne karminrot, Flügel rotbraun-kardinalrot
– – **'Golden Sunlight'**, Fahne knallgelb, Flügel dunkelgelb
– – **'Roter Favorit'**, Fahne karminrot, Flügel dunkelrot.

Daphne x burkwoodii 'Somerset'
Thymelaeaceae
Maien-Seidelbast
9.3.3.6

Wuchs: aufrecht, dicht, zahlreiche kurze Seitentriebe.
Höhe: 0,6–1,0 m.
Blätter: lanzettlich, 3–8cm lang, lang haftend; Herbstfärbung gelb.
Blüten: rosa – weiß, stark duftend, –V/VI–.
Früchte: nicht fruchtend.
Wurzelsystem: Flachwurzler, gelegentlich tiefer wurzelnd.
Eigenschaften: nicht fruchtend, nicht giftig.
Verwendung: Im Siedlungsbereich und im Hausgarten im Einzelstand, auch im Steingarten.

Daphne cneorum
Thymelaeaceae
Rosmarin-Seidelbast (W)
6.3.2.7

Wuchs: Z-Strauch, niedrig, dünne, niederliegende Triebe.
Höhe: 0,1–0,4 m.
Blätter: immergrün, linealisch, ledrigsteif.
Blüten: in Büscheln an den Zweigspitzen, klein, rosa, am mehrjährigen Holz, angenehm süßlich duftend, –IV/V–.
Wurzelsystem: Flachwurzler, gelegentlich tiefer wurzelnd, weitstreichend, konkurrenzschwach.

Ansprüche: frisch-feucht, neutral-kalkhaltig ○ – ◑.
Eigenschaften: Giftgehölz, Pflanze und Pflanzenteile stark giftig; in der Natur stark gefährdet.
Verwendung: in der Landschaft für Unterpflanzungen und lockere Mischpflanzungen; im Siedlungsbereich nicht an Spielplätzen und im Schulgrün; im Garten als Zierstrauch – Frühjahrsblüher vor dem Laubaustrieb.

Daphne mezereum
Thymelaeaceae
Seidelbast (W) – ⟨B⟩ 4, 4
3.3.6.6

Wuchs: K-Strauch, locker aufrecht.
Höhe: 0,5–1,2 m.
Blätter: verkehrt lanzettlich, 6 cm lang, am Triebende gehäuft, stumpfgrün; Herbstfärbung gelb.
Blüten: in Büscheln an den Zweigspitzen stehend, karmin-rosa bis hellrosa, stark duftend, –I/IV–.
Früchte: erbsengroß, auffällig rot, ab V.
Wurzelsystem: Tiefwurzler, weitstreichend, konkurrenzschwach.
Ansprüche: frisch-feucht, neutral-kalkhaltig, ◑ – ●.
Eigenschaften: Pflanzen und Pflanzenteile stark giftig, unverträglich gegen Trokkenheit, kalkliebend, frosthart.

Verwendung: in der Landschaft für Unterpflanzungen und lockere Mischpflanzungen; im Siedlungsbereich nicht an Spielplätzen und im Schulgrün; im Garten als Zierstrauch – Frühjahrsblüher im März/ April vor dem Laubaustrieb.
Sorten: – – **'Alba',** kompakter Wuchs, Blüte weiß am mehrjährigen Holz, –I/IV–, sonst wie vor,

– – **'Rubra Select',** purpurrot, reichblühend, sonst wie die Art.

Davidia involucrata var. vilmoriniana
Davidiaceae
Traubenbaum, Taschentuchbaum
3.2.1.3

Wuchs: K-Baum, Krone breit kegelförmig bis rundlich.
Höhe: 5–8 (–10) m.
Blätter: breit-eiförmig, bis 14 cm lang, oberseits glänzend grün, unterseits blaugrün.
Blüten: Blütenstand kugelig, umgeben von zwei langen gelblich-weißen Hüllblättern, auffallend, –V/VI–.
Früchte: 4 cm lang, bei Vollreife rot-braun.
Wurzelsystem: Herzwurzler.
Ansprüche: etwas feuchte, nährstoffreiche Böden, sauer bis schwach alkalisch, in geschützten Lagen, ○.
Eigenschaften: im Jugendstadium bedingt frosthart.
Verwendung: im Siedlungsbereich als Solitär in Parks, auf Plätzen und anderen öffentlichen Grünanlagen.

Deutzia gracilis
Philadelphaceae
Maiblumenstrauch
7.2.2.6

Wuchs: K-Strauch, aufrecht, dicht, überhängende Triebspitzen.
Höhe: 0,5–1,0 m.
Blätter: lanzettlich-länglich, 3–6 cm, hellgrün.
Blüten: aufrecht, 4–9 cm, lang, reinweiß, am mehrjährigen Holz, sehr zahlreich, –V.
Wurzelsystem: Flachwurzler, dicht verzweigt.
Ansprüche: toleriert fast alle Bodenarten, bevorzugt gleichmäßig feuchten Standort – in Trockenzeiten wässern ○ – ◑.

Eigenschaften: empfindlich gegen Verdichtung.
Verwendung: im Siedlungsbereich und Hausgarten als Zierstrauch (Blütenstrauch), einzeln und in Gruppen für niedrige Hecken, an Wegen und in Gesellschaft mit Stauden.

Deutzia x hybrida 'Mont Rose'

Philadelphaceae
Rosen-Deutzie
9.3.2.6

Wuchs: Strauch, locker aufrecht, leicht überhängende Seitenzweige.
Höhe: 2 m.
Blätter: länglich-eiförmig, 6–10 cm lang, scharf gesägt.
Blüten: in Doldenrispen, groß, rosa mit gelben Staubgefäßen, sehr zahlreich, –V–.
Wurzelsystem: Flachwurzler, hoher Feinwurzelanteil.
Ansprüche: frische-feuchte, durchlässige und nährstoffreiche Böden, bevorzugt sonnig.
Eigenschaften: gegen Trockenheit empfindlich, in Trockenzeiten wässern.
Verwendung: im Siedlungsbereich als Zierstrauch; im Garten Blütenstrauch für Einzelstand und Gruppenpflanzung.

Deutzia x kalmiiflora

Philadelphaceae
9.3.2.5

Wuchs: K-Strauch, locker, zierlich überhängende Zweige.
Höhe: 1 (–2) m.
Blätter: länglich-eiförmig bis lanzettlich. 3–6 cm lang, feingesägt, frischgrün.
Blüten: in doldenförmigen Rispen, Blüten außen karminrot, innen weiß mit rosa.
Wurzelsystem: Flachwurzler, hoher Feinwurzelanteil.
Ansprüche: wie – 'Mont Rose'.
Verwendung: wie – 'Mont Rose'.

Deutzia x magnifica

Philadelphaceae
Hohe Deutzie,
hoher Sternchenstrauch
9.3.3.4

Wuchs: Strauch, auch G-Strauch, aufrecht.
Höhe: bis 3 (–4) m.
Blätter: länglich-lanzettlich, 4–6 cm, hellgrün.

Blüten: Doldenrispen, aufrecht, groß mit 5–12 Einzelblüten, rosettenartig gefüllt, reinweiß, –VI–.
Wurzelsystem: wie – 'Mont Rose'.
Ansprüche: wie – 'Mont Rose'.
Verwendung: wie – 'Mont Rose'.

Deutzia x rosea
Philadelphaceae
Niedrige Deutzie
9.3.2.6

Wuchs: K-Strauch, gedrungen – dichtbuschig.
Höhe: 1,0–1,5 m.
Blätter: eilänglich-lanzettlich, Oberseite runzelig grün, unterseits silbrig-behaart.
Blüten: Doldenrispen, kurz und breit, außen rosa, innen hellrosa bis weiß, –VI/VII–.
Wurzelsystem: wie – 'Mont Rose'.
Ansprüche: wie – 'Mont Rose'.
Verwendung: wie – 'Mont Rose'.

Deutzia scabra 'Plena'
Philadelphaceae
Gefüllte Deutzie
9.3.2.4

Wuchs: G-Strauch, straff aufrecht, sparrig verzweigt.
Höhe: bis 4 m.
Blätter: eiförmig bis länglich, dunkelgrün, rauh.
Blüten: in Doldenrispen, bis 12 cm lang, rosa, zahlreich, –VI/VII–.
Wurzelsystem: wie – 'Mont Rose'.
Ansprüche: wie – 'Mont Rose'.
Verwendung: wie – 'Mont Rose'.
Sorten: – – **'Candidissima',** straff aufrecht wachsend, bis 2,5 m hoch, reinweiße, gefüllte Blüten.

Elaeagnus angustifolia
Elaeagnaceae
Schmalblättrige Ölweide
6.1.2.4

Wuchs: G-Strauch oder K-Baum, sparrig, dornige Zweige, breit ausladend, im Alter oft überhängend.
Höhe: 5 (–7) m.
Blätter: schmal-lanzettlich, bis 8 cm, oberseits graugrün, unterseits silbrig behaart.
Blüten: silbrig-weiß, bis 1 cm lang, intensiv duftend, auffallend, –V/VI–.
Früchte: länglich, 1 cm gelb, eßbar, ab VII/VIII.
Wurzelsystem: fleischig–flach, wenig Feinwurzeln.
Ansprüche: bodentolerant, auf feuchten und sehr trockenen Standorten, ○.
Eigenschaften: sehr trockenresistent, sehr salzverträglich.
Verwendung: in der Landschaft für Schutzpflanzungen; Pioniergehölz auf Halden und Ödland; im Siedlungsbereich für Hecken und auf trocken-heißen Standorten.

Elaeagnus commutata
Elaeagnaceae
Silber-Ölweide – ⟨B⟩ 4, 3
6.1.2.4

Wuchs: Strauch, buschig-aufrecht.
Höhe: 1–3 (5) m.
Blätter: eiförmig, beiderseits silbrig-glänzend.
Blüten: in Büscheln, zu 1–3, außen silbrig, innen gelb, sehr stark duftend, –V/VIII–.
Wurzelsystem: Flachwurzler, fleischig, wenig Feinwurzeln.
Ansprüche: von sandig-trocken bis feucht, auch auf ärmsten Böden, ○.
Eigenschaften: Ausläufer bildend, verträgt Überschwemmungen.
Verwendung: wie – angustifolia.
Hinweis: vergleichbar auch – **multiflora,** bis 5 m hoch, breit wachsend.

Elaeagnus pungens 'Maculata'
Elaeagnaceae
Buntlaubige Ölweide
6.1.4.5

Wuchs: K-Strauch, buschig verzweigt, sparrige Triebe.
Höhe: 1,0–1,5 m.
Blätter: immergrün, bis 8 cm lang, elliptisch, dunkelgrün, gelb panaschiert oder mit gelber Mittelzone.
Blüten: gelb, süßlich duftend, –V–.
Wurzelsystem: wie – angustifolia.
Ansprüche: frische Gartenböden, keine Staunässe, Trockenheit vertragend, Frostschutz im Jugendstadium notwendig.
Verwendung: zur Einzelstellung im Garten und auf Rabatten, für „Mobiles Grün".

Empetrum nigrum
Empetraceae
Krähenbeere,
schwarze Krähenbeere – (W)
5.2.3.7

Wuchs: Z-Strauch, kriechend.
Höhe: 0,1–0,5 m.
Blätter: immergrün, nadelartig, glänzend frischgrün.
Verwendung: Landschaftsgehölz zur Rekultivierung, Bodendecker auf nährstoffarmen, sauren, feuchten Böden; im Garten in Heide-Gesellschaften, als Bodendecker unter Bäumen.
Sorten: – – **'Smaragd'.**

Enkianthus campanulatus
Ericaceae
Prachtglocke
7.2.2.5

Wuchs: Strauch, straff aufrecht, etagenartig abstehende Seitenäste.
Höhe: bis 3 m.
Blätter: elliptisch, 3–7 cm, bläulich-grün; Herbstfärbung rot bis gelb.
Blüten: Dolden, hängend, glockig, rötlichweiß, vor dem Blattaustrieb am mehrjährigen Holz, –
Wurzelsystem: herzförmig mit starker Feinwurzelbildung im Oberflächenbereich.
Ansprüche: sandig bis humos, geschützter Standort, ◑ – ●.
Eigenschaften: kalkempfindlich, gegen Oberflächenverdichtung empfindlich.
Verwendung: im Siedlungsbereich als Gruppengehölz, in Pflanzkübeln; im Hausgarten als Zierstrauch, einzeln und in Gruppen, vor Mauern, in Trögen.

Erica carnea
siehe Heidepflanzen Seite 28.

Euodia hupehensis
Rutaceae
(Syn.: Evodia hupehensis)
Bienen-Baum, Stink-Esche – Ⓑ 1, –
6.3.2.3

Wuchs: G-Strauch, baumartig.
Höhe: bis 6 m.
Blätter: gefiedert, gegenständig, bis 30 cm, streng riechend.
Blüten: Blütenrispen, endständig, breit, grünlich-weiß.
Ansprüche: sandig bis humos, ○ – ◑.
Verwendung: im Siedlungsbereich und im Hausgarten zur Einzelstellung – beste bekannte Bienenweide.

Euonymus alatus
Celastraceae
Korkflügelstrauch
3.1.6.5

Wuchs: Strauch bis G-Strauch, aufrecht,

breit und sparrig ausladend, Zweige mit kantigen Korkleisten.
Höhe: 2–3 m – im Alter oft breiter als hoch.

Blätter: verkehrt-eiförmig, 5–7 cm, grün, unten heller; Herbstfärbung karminrot.
Blüten: klein, unscheinbar, gelblich-grün, –V–.
Früchte: klein, unscheinbar.
Wurzelsystem: Flachwurzler, hoher Anteil an Feinwurzeln.
Ansprüche: verträgt alle kultivierten Gartenböden, ○ – ◑.
Verwendung: im Siedlungsbereich und im Hausgarten als Zierstrauch (Herbstfärbung).
Sorten: – – **'Compactus',** Zwergstrauch, 1 m hoch, sehr breit; Herbstfärbung scharlachrot, für Pflanzgefäße und im Steingarten.

Euonymus europaeus

Celastraceae

Pfaffenhütchen,
gemeiner Spindelbaum – (W) – Ⓑ 4, 2

2.4.6.4

Wuchs: G-Strauch.
Höhe: 1,5–3 (–6) m.
Blätter: eiförmig bis elliptisch, dunkelgrün; Herbstfärbung gelb-orange bis dunkelrot, auffallend.
Eigenschaften: Giftgehölz.
Verwendung: Landschaftsgehölz; im Siedlungsbereich als Ziergehölz (Herbstfärbung).
Sorten: – – **'Red Cascade',** reicher Fruchtbehang, Früchte opalrosa.

Euonymus fortunei var. radicans

im Anhang auf Seite 159.

Euonymus fortunei

Celastraceae

Kriechspindel, Spindelstrauch

3.1.7.9

Wuchs: Z-Sträucher – K-Sträucher, kriechend, bei entsprechendem Angebot mit Haftwurzeln kletternd.
Höhe: kriechend – kletternd
Verwendung: im Siedlungsbereich und im Hausgarten zur Flächenbegrünung, für Unterpflanzungen, zur Wandbegrünung.
Sorten: – – **'Coloratus',** 40–50 cm, Blätter grob gesägt, olivgrün; Herbstfärbung purpurn,
– – **'Dart's Blanket',** 50–70 cm, stumpfgrün; Herbstfärbung braun-rot,

– – **'Emerald Gaiety',** 30– 40 cm, weißgerandet; Herbstfärbung rosa-rot,

– – **'Emerald'n Gold'**, 40–70 cm, gelbbunt; Herbstfärbung rosa-rot,
– – **'Minimus'**, H. 20 cm, kleine rundliche, grüne Blätter, 1,5 cm Ø, schattenvertragender Bodendecker für kleine Flächen, in extremen Lagen frostgefährdet,
– – **'Variegatus'**, (Syn.: – 'Gracilis'), 40–60 cm, schmalweiß-gerandet; Herbstfärbung leicht rosa,
– – **'Vegetus'**, 80–100 cm, dicke Triebe, rundliche Blätter, glänzend-grün, hellgelbe Früchte, reichfruchtend.

Euonymus planipes

Celastraceae

Großfrüchtiges Pfaffenhütchen

3.3.6.4

Wuchs: G-Strauch, breit aufrecht, locker.
Höhe: 4–5 m und genauso breit.
Blätter: eirund, 8–12 cm, dunkelgrün; Herbstfärbung orange-rot.
Blüten: in Blütenständen, gelblich-grün, unscheinbar, –V/VI–.
Früchte: Fruchtkapseln, 5flügelig, langgestielt, rot, giftig.
Wurzelsystem: Flachwurzler, dicht verzweigt.

Ansprüche: kultivierte Böden, bevorzugt gleichmäßig feuchte, nahrhafte Standorte, ○ – ◑.
Verwendung: in der Landschaft als anspruchsloses Gruppengehölz, Gehölzrand; im Siedlungsbereich und im Hausgarten als Solitärstrauch (Herbstfärbung, Fruchtschmuck).

Exochorda racemosa

Rosaceae

Prachtspiere

3.2.2.4

Wuchs: Strauch bis G-Strauch, dicht verzweigt, breitbuschig – aufrecht mit überhängenden Triebspitzen.

Höhe: 3–4 m.
Blätter: länglich-eiförmig, 3–8 cm, oben hellgrün, unten dunkler.
Blüten: in Trauben, 6–10 cm lang, an langen Stielen, weiß, sehr zahlreich, –V–.
Wurzelsystem: Flach- und Tiefwurzler, weitstreichend.
Ansprüche: sandig – humose Gartenböden, sauer bis neutral, ○ – ◑.
Verwendung: im Siedlungsbereich als Ziergehölz einzeln und in Gruppen; im Hausgarten Blütengehölz – für Einzelstand, in Blütenhecken, für Pflanzkübel.

Fagus sylvatica

(Syn.: Fagus silvatica)
Fagaceae
Buche, Rot-Buche – (W) – Ⓑ –, 2, H
3.3.5.1

Wuchs: G-Baum, rundkronig, im freien Stand mit tiefhängenden Ästen.
Höhe: 25–30 m, bis 30 m breit.
Blätter: eiförmig, mit welligem Rand, 5–10 cm, dunkelgrün; Herbstfärbung gelborange bis rotbraun.
Blüten: unauffällig, –V–.
Früchte: Fruchtbecher mit braunem Samen – Bucheckern, ab IX.
Wurzelsystem: Herzwurzler mit dichter Oberflächendurchwurzelung.
Ansprüche: feucht-frisch, locker, durchlässig und nährstoffreich, ○ – ◑.

Eigenschaften: Wurzeln äußerst intolerant, gegen Eingriffe hochempfindlich.
Verwendung: in der Landschaft, im Forstbereich, für Schutzpflanzungen, Baumhecken, Knicks und Mischpflanzungen, als Dorfbaum; im Siedlungsbereich bei entsprechendem Platzangebot, einzeln und in Gruppen.
Sorten:
– – **'Asplenifolia',** Höhe 10– 15 m, Blätter unregelmäßig tief geschlitzt, dunkelgrün, zierlich, sehr schmal,
– – **'Dawyck',** (Syn. – 'Fastigiata'), Säulen-Buche, säulenförmig, schmal bis 20 m hoch, grünes Laub,
– – **'Pendula',** Veredlung, Seitenäste weit bogig überhängend, Zweige häufig bis auf den Boden, Höhe 15–20 m, Breite bis 30 m,
– – **'Purpurea',** (Syn. – 'Atropunicea'), Blut-Buche, Veredlung, Wuchs wie die Art, jedoch schwächer, Blätter dunkelrot, metallisch glänzend; Herbstfärbung orange,
– – **'Purpurea Pendula',** Veredlung wie – 'Pendula', jedoch im Austrieb schwarz-rot, später bronzefarben.
– – **'Swat Magret',** Echte Blut-Buche, glänzende, schwarz-rote Blätter; zum Herbst nicht verfärbend.
Außerdem eine Zahl weiterer Sorten mit unterschiedlicher Verfügbarkeit im europäischen Markt.

Forsythia x intermedia 'Lynwood Gold'
Oleaceae
Forsythie
9.3.2.5

Wuchs: Strauch, breit aufrecht wachsend, im Alter bogig überhängend, dicht verzweigt.
Höhe: 2–3 m und meist genauso breit.
Blätter: eiförmig länglich bis lanzettlich, grob gesägt, 8–10 cm, hellgrün.
Blüten: Einzelblüte, bis 5 cm, dicht gedrängt am mehrjährigen Holz, goldgelb, sehr zahlreich, –III/IV–.
Wurzelsystem: Flachwurzler, Wurzeln fleischig.
Ansprüche: auf allen Gartenböden, bevorzugt frische Standorte, ○ – ◑.
Verwendung: im Siedlungsbereich einzeln und in Gruppen, auch als ungeschnittene Hecke; im Garten als Zierstrauch zur Einzelstellung und in Gruppen (Blühzeitpunkt, Farbe, Blütenfülle).
Sorten: die Sorte 'Lynwood Gold' steht beispielhaft für etwa 10–15 weitere Sorten, die sich (zum Teil nur geringfügig) in Blütenfarbe, -form und Blatt unterscheiden, z. B.
– – **'Beatrix Farrand',** 3–4 m, Blüten dunkelgelb.
– – **'Goldzauber'** –R–, 1,5– 2,0 m, Blüten goldgelb,
– – **'Spectabilis',** 2–3 m, Blüten dottergelb.

Fothergilla gardenii
Hamamelidaceae
Federbusch
1.2.5.6

Wuchs: K-Strauch, straff aufrechte Grundtriebe, im Alter breitbuschig.
Höhe: bis 0,8 m.
Blätter: von elliptisch bis eiförmig, variabel, oben grün, unten blaugrün; Herbstfärbung gelb – rot.
Blüten: Ähren, aufrecht, 3,5 cm lang, cremeweiß, duftend, IV/V.
Ansprüche: humos – sandig, sauer, geschützter Standort, ○ – ◑.
Verwendung: im Hausgarten als Zierstrauch zusammen mit immergrünen Laubgehölzen.

Fothergilla major
Hamamelidaceae
4.1.2.5

Wuchs: Strauch, breitbuschig.
Höhe: 1,5–2,0 m.
Blätter: eiförmig, grün; Herbstfärbung orange-gelb bis karminrot.
Blüten: cremeweiß, duftend, V.
Ansprüche: humos, kalkmeidend, frische Gartenböden.
Verwendung: wie – gardenii

Frangula alnus

– siehe Rhamnus frangula

Fraxinus excelsior

Oleaceae
Esche, gewöhnliche Esche – (W)
– (B) –, 3, H
2.4.2.1

Wuchs: G-Baum, rundkronig, Stamm meist kurz.
Höhe: 20–35 (–40) m.
Blätter: gefiedert, unpaarig, bis 12 cm, 9–15 Fiederblättchen, grün.
Blüten: unbedeutend.
Früchte: Nüßchen, geflügelt, braun, meist büschelig, Herbst und Winter.
Wurzelsystem: Tiefwurzler, flach- und weitstreichende Seitenwurzeln.
Ansprüche: auf ausreichend feuchten, tiefgründigen und nährstoffreichen Böden, ○ – ◑.
Eigenschaften: wärmeliebend, spätfrostgefährdet, empfindlich gegen stehende Nässe, gutes Ausschlagvermögen, gegen Grundwasserabsenkung sehr empfindlich.
Verwendung: heimisches Landschaftsgehölz mit entsprechenden Einsatzmöglichkeiten, im Siedlungsbereich in Parks, an Straßen und auf Plätzen.
Sorten: mit unterschiedlicher Verfügbarkeit im Sortiment, z. B.
– – **'Diversifolia',** (Syn. – monophylla), schmalkronig, schlank aufrecht, 20–30 m, ovales Blatt, dunkelgrün.
– – **'Pendula',** Hängeform, Zweige bogig überhängend bis zur Erde, 8– 10 m.
– – **'Westhof's Glorie',** breitovale Krone, nicht fruchtend, 20–30(–40) m.

Fraxinus ornus

Oleaceae
Blumen-Esche, Manna-Esche
6.3.1.3

Wuchs: K-Baum oder G-Strauch, rundkronig, oft mehrstämmig.
Höhe: 8–10 m.

Blätter: gefiedert, unpaarig, 15–20 cm lang, meist zu 7, dunkelgrün.
Blüten: Blütenrispen, bis zu 15 cm lang, dicht, cremeweiß, angenehm duftend, –V–.
Früchte: Fruchtstand wie Blüte, Einzelfrucht, 2–5 cm lang, grau-braun.
Wurzelsystem: Herzwurzler, Seitenwurzeln flach und weitstreichend.
Ansprüche: toleriert alle, auch rohe Böden, kalkliebend, ○.
Eigenschaften: bevorzugt trockene, warme Plätze (Weinbauklima), trägwüchsig.
Verwendung: im Siedlungsbereich für Einzelstand oder Gruppenpflanzung, auch als kleinkroniger Straßenbaum; im Garten als Hausbaum (Blütenbaum, Wuchsform).
Sorten: – – **'Rotterdam',** kleiner Baum, Krone kegelförmig, kaum Leittrieb, 8–12 m, sonst wie die Art.

Gaultheria procumbens

Ericaceae

Rote Teppichbeere, Scheinbeere

4.1.5.7

Wuchs: Z-Strauch, kriechend, teppichartig ausgebreitet.
Höhe: bis 0,2 m.
Blätter: elliptisch bis verkehrt-eiförmig, 1–3 cm lang, glänzend grün, oft rötlich.
Blüten: einzeln oder in kleinen Trauben, weißlich-rosa, –VII/VIII–.
Früchte: kugelig, 8–15 mm dicke Scheinbeeren, rötlich, aromatisch duftend.
Wurzelsystem: fadenförmig, dicht verzweigt, Wurzelausläufer bildend.
Ansprüche: ausreichend feuchter, humoser und saurer Boden, ◑ – ●.
Verwendung: im öffentlichen Grün als immergrüner Bodendecker; im Hausgarten entsprechend.

Genista

Fabaceae

Ginster

Übersicht

Genista anglica, 5.2.1.7, englischer Ginster – (W), niederliegender, breitwüchsiger, dorniger Zwergstrauch, 0,1–0,5 (1,0) m,
Genista germanica, 5.2.1.7, deutscher Ginster (W), aufrechtwachsender, dorniger Zwergstrauch mit veränderlichem Wuchs, (0,1) 0,3–0,6 m.
Genista lydia, 6.1.2.7, Stein-Ginster, Goldland-Ginster, – siehe Beschreibung –.
Genista radiata, 6.1.2.7 Strahlen-Ginster, K-Strauch, breitbuschig, bis 0,8 m hoch,
Genista sagittalis, 5.3.1.6, Flügel-Ginster, kriechender Halbstrauch, teppichbildend, 0,2–0,3 hoch, Laub lanzettlich, Blüte goldgelb, –VI/VII–.
Genista tinctoria, 4.1.1.6, Färber-Ginster – (W), aufrechtwachsender Kleinstrauch, dicht verzweigt, 0,3–0,8 (1,5) m.
– – **'Plena',** 4.1.1.6, gefüllter Gerber- Ginster, Z-Strauch, bis 30 cm, Blüte goldgelb, VI–VIII.
Hinweis: Beschreibung der mit (W) gekennzeichneten Arten siehe BdB-Handbuch VIII „Wildgehölze".

Genista lydia

Fabaceae

Stein-Ginster

6.1.2.7

Wuchs: Z-Strauch, strauchartig, dünne, fadenförmige Triebe bogig überhängend, später niederliegend.
Höhe: bis 0,5 m.
Blätter: einfach, lanzettlich, dunkelgrün.
Blüten: in Trauben an kurzen, dornigen Seitentrieben, gelb –V/VI–.

Wurzelsystem: tiefwurzelnd, konkurrenzschwach, Stickstoffsammler.
Ansprüche: lockere, sandig-humose, durchlässige Böden, sonnige, warme Standorte, ○.
Eigenschaften: frostempfindlich, empfindlich gegen Oberflächenverdichtung, anpassungsfähig an pH-Wert.
Verwendung: im Siedlungsbereich in Gruppen für Böschungen, Trockenmauern, in Trögen und Pflanzkübeln; im Garten als Zierstrauch – in Heidegesellschaften, für Tröge und Pflanzkübel, auf Dachgärten, Böschungen und Trockenmauern.

Gleditsia triacanthos
Fabaceae
Lederhülsenbaum
2.5.1.1

Wuchs: G-Baum, Krone locker, anfangs hochgewölbt, später schirmförmig.
Höhe: (15) 20–25 (30) m.
Blätter: gefiedert, einfach zu 20–30 oder doppelt zu 8–14, bis 20 cm lang, wechselständig; Herbstfärbung, goldgelb.
Blüten: Trauben, 5–7 cm lang, hellgrün, –VI–.
Früchte: Hülsen, flach gedreht, lederig-rotbraun, auffallend, ab IX.
Wurzelsystem: Pfahlwurzel, tief ausgebreitet.
Ansprüche: kultivierte Böden, anpassungsfähig, ○.
Eigenschaften: winterhart, trockenresistent, gelegentlich Windbruch.

Verwendung: im Siedlungsbereich als Parkbaum, Straßenbaum, auch auf extremen Standorten bis zu Rohböden.
Sorten: – – **'Inermis'**,
wie die Art, dornenlos, bis 20 m, kaum fruchtend, frosthärter als die Art.
– – **'Shademaster'**,
gleichmäßig, breit eiförmige Krone, dornenlos, bis 20 m.
– – **'Skyline'**, breitwachsend, symmetrische Krone, dornenlos, grünes Laub; Herbstfärbung gelb, Blüte duftend.
– – **'Sunburst'**, breiter, lockerer Wuchs, dornenlose Zweige, Blätter zuerst goldgelb, später vergrünend.

Halesia carolina
Styracaceae
Maiglöckchenstrauch, Schneeglöckchenstrauch
3.2.2.4

Wuchs: G-Strauch, strauch- oder baumartig.
Höhe: (3–) 4–6 m.
Blätter: eiförmig, 5–10 cm, oberseits filzig, unten behaart; Herbstfärbung gelb.

Blüten: in Büscheln, zu 3–5, glockig, weiß, am mehrjährigen Holz, auffallend, –V–.
Früchte: Steinfrucht, geflügelt, 3–5 cm groß, braun, ab IX.
Wurzelsystem: flach, verzweigt.
Ansprüche: frischer, humoser, saurer Boden in geschützten, sonnigen Lagen.
Verwendung: im Siedlungsbereich als Zierstrauch; im Garten als Blütengehölz (Blüten, Herbstfärbung, Fruchtstrauch).

Hamamelis x intermedia

Hamamelidaceae
Hamamelis – Hybriden
9.2.2.4

Übersicht

Bei den Hamamelis-Hybriden handelt es sich um mittelgroße bis große Sträucher mit meist aufrechtem Wuchs und offenem Habitus. Die „Zaubernuß" gewinnt ihren besonderen Reiz aus den apart geformten, gelben bis rötlichen Blüten, die vor dem Blattaustrieb im Dezember – März erscheinen und aus der Herbstfärbung.
Beschreibung siehe – japonica und -mollis
Sortenauswahl:
– – **'Barmstedt's Gold',** Blüten gelb bis dunkelgelb, Kelch innen purpurrot, auffallend groß, reichblütig, schwach duftend.
– – **'Diane',** Blüten leuchtend weinrot bis bronzefarbig, Kelch innen dunkelrubin, spätblühend, –II–.

– – **'Feuerzauber',** Blüten an der Basis weinrot, zur Spitze hin gelb, Kelch innen granatrot, starker aufrechter Wuchs, frühblühend, –I/II–.
– – **'Jelena',** Blüten kupfrigrot bis orange, Kelch innen granatrot, baumartiger Großstrauch, frühblühend, –XII/I– Herbstfärbung.
– – **'Ruby Glow',** Blüten weinrot bis kupferfarbig, Wuchs mittelgroß bis groß, Herbstfärbung von orange bis scharlachrot, –II–.
– – **'Westerstede',** Blüten hellgelb, Kelch innen rotbraun, starker, straff aufrechter Wuchs, –II/III–.

Hamamelis japonica

Hamamelidaceae
Japanische Zaubernuß
7.2.2.4

Wuchs: G-Strauch, aufrecht-trichterförmig.
Höhe: 3 (–4) m.
Blätter: breit-eiförmig, bis 10 cm, oberseits grün, unterseits hellgrün; Herbstfärbung leuchtend gelb.
Blüten: in Büscheln, achselständig, bis 3 cm Ø, gelb, –II/IV–.
Wurzelsystem: flach und tief.

Ansprüche: durchlässig, tiefgründig, neutral bis schwach sauer, ◑ – ●.
Eigenschaften: trägwüchsig, blüht nach 3–5 Jahren.
Verwendung: Zur Einzelstellung und in Gruppen im öffentlichen Grün und im Hausgarten.

Hamamelis mollis

Hamamelidaceae
Lichtmeß-Zaubernuß
7.1.5.4

Wuchs: G-Stauch, locker verzweigt.
Höhe: 3–5 m und entsprechend breit.
Blätter: eirundlich, bis 12 cm, oben dunkelgrün glänzend, unterseits filzig behaart; Herbstfärbung goldgelb.
Blüten: in Büscheln, Blüten mit 4 Petalen, goldgelb, Kelch innen purpur.
Früchte: Kapseln.
Wurzelsystem: Tief- und Flachwurzler.
Ansprüche: frisch, tiefgründig, neutral bis schwachsauer, ○ – ◑.
Verwendung: im Siedlungsbereich im Einzelstand, auf Rasenflächen, vor Nadelgehölzen; im Garten als Hausbaum, im Vorgarten oder an der Terrasse.

Sorten: – – **'Pallida',** Blüten sehr groß, dichtstehend, leuchtend gelb, dunkelroter Kelch, stark duftend, –I/II–.

Hamamelis virginiana

Hamamelidaceae
Herbstblühende Zaubernuß
3.2.6.4

Wuchs: G-Strauch, aufrecht wachsend.
Höhe: 2–4 m.
Blätter: hellgrün, 8–10 cm; Herbstfärbung gelb.
Blüten: hellgelb, streng duftend, mit Laubfall, –X–.
Früchte: wie – mollis.
Wurzelsystem: wie – mollis.
Ansprüche: wie – mollis.
Verwendung: wie – mollis.

Hedera helix

im Anhang auf Seite 159.

Hibiscus

Hibiscus syriacus

Malvaceae

Eibisch

6.4.2.5

Wuchs: Strauch, straff aufrecht, buschig.
Höhe: 1,5–2,0 m.
Blätter: gelappt, 3lappig, gezähnt, 5–10 cm lang; Herbstfärbung gelb.
Blüten: siehe Sortenübersicht – großblumig, nach ca. 3–5 Jahren in Einzelblüten, Ende VII bis zum Frost.
Wurzelsystem: Tiefwurzler, fleischig.
Ansprüche: durchlässige, frische, humusreiche Böden in warmen, frostgeschützten Lagen, ○.
Eigenschaften: im Jugendstadium im Wurzelbereich schützen, Rückschnitt um ein Drittel nach der Blüte.
Verwendung: im Garten als Blütenstrauch – Vor Südmauern, in Atriumgärten, in Pflanzgefäßen, an Terrassen.
Sortenauswahl:

– – **'Ardens',** dichtgefüllt, purpur bis rotviolett mit weinrotem Mittelfleck.
– – **'Blue Bird',** einfach blauviolett, Mittelfleck tiefmagenta.
– **'Hamabo',** einfach, rosa, Mittelfleck dunkelrot.
– – **'Monstrosus',** einfach, weiß, Mittelfleck dunkelrot.
– – **'Pink Giant',** einfach, rosa, Mittelfleck dunkelrot mit silbergrauem Rand.
– – **'Red Heart',** einfach, besonders großblumig, weiß mit kleinem dunkelrotem Mittelfleck.
– – **'Speciosa',** gefüllt, nelkenähnlich, weiß

– – **'Totus Albus',** einfach, weiß.

– – **'Woodbridge',** einfach, rotlila mit dunkelrotem Mittelfleck.

Hippophae rhamnoides
Elaeagnaceae
Sanddorn (W) – Ⓑ 4, 3
5.1.2.4

Wuchs: G-Strauch oder K-Baum, unregelmäßig, oft sparrig verzweigt.
Höhe: 1–5 (6–10) m.
Blätter: lineal-lanzettlich, oberseits graugrün, unterseits weißgrau.
Verwendung: Landschaftsgehölz, Pioniergehölz, zur Rekultivierung, fruchtendes Wildgehölz, zur Saft- und Geleegewinnung.

Holodiscus discolor
Rosaceae
Kaskadenstrauch
2.2.4.5

Wuchs: Strauch, aufrecht mit bogig überhängenden Zweigen.
Höhe: 2–3 m.
Blätter: eirund bis länglich, stumpfgrün, runzelig, 9 cm.
Blüten: Rispen, endständig, reich verzweigt, gelblich-weiß, auffallend, –VII/VIII–.

Wurzelsystem: flach, filzig.
Ansprüche: frische, humose Böden, sauer bis schwachalkalisch, bevorzugt halbschattig ◑.
Eigenschaften: gegen Hitze und Trockenheit empfindlich.
Verwendung: im Garten als Zierstrauch (Blüten, Fruchtstände).

Hydrangea arborescens 'Grandiflora'
Hydrangeaceae
Schneeball-Hortensie
3.2.7.6

Wuchs: Strauch, steif-aufrecht, vieltriebig aus der Basis.

Höhe: 1,5–2 (3) m.
Blätter: eiförmig, bis 20 cm lang, hellgrün.
Blüten: Doldenrispen, breit-rund, grünlich-weiß, 12–18 cm Ø, –VI/IX–.
Wurzelsystem: kräftig, flache und tiefe Wurzeln.
Ansprüche: feuchter, nahrhafter, humoser, saurer Gartenboden in windgeschützten Lagen, möglichst ◑.
Eigenschaften: empfindlich gegen Staunässe, bei längerer Trockenheit erhöhter Wasserbedarf, jährlicher starker Rückschnitt möglich.
Verwendung: im Siedlungsbereich als Gruppengehölz, an Gehölzrändern, im mobilen Grün und auf Rabatten; im Hausgarten als Zierstrauch (Blütengehölz), an Terrassen, auf Rasenflächen und mit Rhododendron.
Sorten: – – **'Annabelle'**, locker aufrecht wachsend, 1,0–1,5 m, weiße Schneeballblüte, 20–25 cm Ø, am einjährigen Holz, –VII/IX–.

Hydrangea aspera 'Macrophylla'

(Syn. – aspera ssp. sargentiana)
Hydrangeaceae
Rauhe Hortensie
3.1.7.5

Wuchs: Strauch, steif-aufrecht, starktriebig, sparsam verzweigt.
Höhe: 1–3 m.
Blätter: eiförmig bis oval, bis 30 cm lang, oberseits dunkelgrün, kahl oder leicht behaart, unterseits dicht grauhaarig.
Blüten: Doldenrispen, flach, bis 30 cm Ø, sterile Randblüten weiß/rosa, fertile Innenblüten blaßlila, –VII/VIII–.
Wurzelsystem: Flachwurzler.
Ansprüche: wie– arborescens.
Verwendung: wie – arborescens.

Hydrangea macrophylla

Hydrangeaceae
Garten-Hortensie
2.1.5.6

Wuchs: Strauch, wenig verzweigt, dicke, aufrechte Grundtriebe und locker ausgebreitete Seitentriebe.
Höhe: 1–3 m.
Blätter: breit eiförmig bis elliptisch. 8–20 cm lang, beiderseits weich behaart.
Blüten: Doldenrispen, ballförmig, 15–20 cm breit, Farbe sortenbedingt, –VI/IX–.
Wurzelsystem: wie – arborescens.
Ansprüche: wie – arborescens.
Eigenschaften: kann in strengen Wintern zurückfrieren, treibt nach Rückschnitt wieder willig aus.
Verwendung: im Siedlungsbereich in Parks, schattige Gehölzpartien, Kübelpflanze; im Hausgarten zur Einzelstellung,

auf Rabatten, vor Mauern und in Trögen.
Sorten: die Sortenvielfalt ist erheblich. Das „Hillier-Dictionary" zählt zwanzig Sorten, die „Naamlijst van houtige Gewassen (1987)" nennt fast 70 Sorten.

Die Blütenfarben reichen von weißgelb bis rot bis dunkelblau-violett und sind insbesondere vom pH-Wert des Bodens/Substrates abhängig (saure Böden = überwiegend bläuliche – alkalische Böden = überwiegend rötliche Farbtöne).

Hydrangea paniculata 'Grandiflora'

Hydrangeaceae
Rispen-Hortensie
2.1.5.5

Wuchs: Strauch, aufrecht, stark verzweigt, breitbuschig.
Höhe: 2–3 m.
Blätter: eiförmig, 7–15 cm lang, mattgrün.
Blüten: Doldenrispen, groß, 15–25 cm lang, weiß, im Verblühen rosa, am einjährigen Holz.
Wurzelsystem: wie – arborescens.
Ansprüche: wie – arborescens.
Eigenschaften: empfindlich gegen Kalk und Oberflächenverdichtung (Chlorose).
Verwendung: im Siedlungsgrün einzeln und in Gruppen; im Hausgarten als Zierstrauch (Blüten).

Hydrangea petiolaris

im Anhang auf Seite 160.

Hydrangea sargentiana

Hydrangeaceae
Samt-Hortensie
3.1.5.5

Wuchs: Strauch, aufrecht, mit steifen, dicken Trieben.
Höhe: bis 2 (–3) m und bis 4 m breit.
Blätter: eiförmig, breit, 15–35 cm lang, oben samtig, unten rauh-behaart, tiefgrün.
Blüten: Doldenrispen, groß, flachgewölbt, sterile Randblüten weiß, fertile Innenblüten hellviolett, im Verblühen blau, –VII/VIII–.
Wurzelsystem: wie – arborescens.
Ansprüche: wie – arborescens.
Eigenschaften: bedingt winterhart.
Verwendung: im Siedlungsbereich in Parks; im Hausgarten als „exotisch" wirkender Zierstrauch (Blüten, Blatt).

Hydrangea serrata
(Syn. – macrophylla ssp. serrata)
Hydrangeaceae
Bauern-Hortensie
‹siehe Sorten› · 4.1.5.6

Wuchs: K-Strauch, buschig, dicktriebig.
Höhe: bis 1,5 m und genauso breit.
Blätter: eiförmig spitz, stumpfgrün.
Blüten: Doldenrispen, leicht gewölbt, Randblüten rötlich-purpur, Blütenmitte blau, –VI/VII–.
Wurzelsystem: wie – arborescens
Ansprüche: wie – arborescens.
Verwendung: wie – macrophylla.
Sorten:
– – **'Bluebird',** schwachwüchsiger, bis 1 m, Randblüten rötlich-purpur, Innenblüten blau, –VII/VIII–, sonst wie die Art,
– – **'Preziosa',** Triebe rot-braun, bis 1 m, Blätter mit roter Verfärbung, Blüten tiefrosa bis purpurrot, reichblühend, –VII/VIII–.
– – **'Rosalba',** Randblüten weiß, Innenblüten rosa oder blau.

Hypericum calycinum
Hypericaceae
Johanniskraut
6.4.4.8

Wuchs: Z-Strauch, Halbstrauch, überhängend bis aufliegend.
Höhe: 0,2–0,3 (0,5) m.
Blätter: länglich, ledrig, oben tiefgrün, unten bläulich, wintergrün.
Blüten: einzeln, 5–7 cm breit, goldgelb, auffallend. –VI/IX–.
Wurzelsystem: Flachwurzler, viele Ausläufer.
Ansprüche: normale Gartenböden, ○ – ●.
Eigenschaften: etwas frostgefährdet, Rückschnitt im Frühjahr, hohes Ausschlagvermögen.
Verwendung: im öffentlichen Grün und im Hausgarten, als Bodendecker oder Gruppengehölz, unter Bäumen – auch Vollschatten, an Böschungen.

Hypericum 'Hidcote'
(Syn. Hypericum patulum 'Hidcote')
Hypericaceae
Großblumiger Johannisstrauch, Johanniskraut 'Hidcote'
6.3.4.6

Wuchs: K-Strauch, straff aufrecht mit leicht überhängenden Triebspitzen.
Höhe: 1–1,5 m.
Blätter: eiförmig, 4–5 cm lang, stumpfgrün, wintergrün.
Blüten: Trugdolden, endständig, Einzelblüten schalenförmig, 5–7 cm, goldgelb, VII bis Frost.
Wurzelsystem: Flachwurzler.
Ansprüche: wie – calycinum.
Eigenschaften: bedingt frosthart, schnittverträglich.
Verwendung: im Siedlungsgrün für flächige Pflanzungen an Böschungen; im Hausgarten einzeln, in Gruppen, für niedrige Hecken.

Ilex aquifolium
Aquifoliaceae
Ilex, Stechpalme – (W)
3.2.7.4

Wuchs: G-Strauch bis K-Baum, anfangs aufrecht, später überhängend, Krone kegelförmig-hochgewölbt.
Höhe: 2–5, als Baum –10 (15) m.
Blätter: immergrün, eiförmig mit stacheligem Rand, auffällig glänzend, Blattform sehr variabel.

Blüten: klein, weiß, unscheinbar, –V/VI–.
Früchte: kugelig, erbsengroß, auffallend rot, ungenießbar, ab IX.
Wurzelsystem: Herzwurzler, weitstreichend.
Ansprüche: mäßig trocken – frisch, sauer – neutral, ◑ – ●.
Eigenschaften: frostempfindlich, unverträglich gegen Hitze und Trockenheit.
Verwendung: Landschaftsgehölz, Vogelschutz- und Nährgehölz; im Siedlungsbereich und Hausgarten besser Sorten (siehe Übersicht)
Sortenauswahl:
– – **'Alaska',** schmal-aufrecht, dicht verzweigt, kleiner und frosthärter als die Art, Blätter schwarz-grün, stark fruchtend, rote, leuchtende Früchte.
– – **'Argenteomarginata',** Blätter weißbunt gerandet,
– – **'I.C. van Tol',** waagerecht abstehende Äste, besonders reichfruchtend, Früchte orange-rot.
– – **'Pyramidalis',** Wuchs kegelförmig, straff aufrecht, Laub ohne Blattdornen und nicht gewellt, reich fruchtend, Früchte leuchtendrot.

Ilex crenata
Aquifoliaceae
Japanischer Ilex, Berg-Ilex
7.2.2.5

Wuchs: Strauch, dicht verzweigt, sparrig, breit ausladend.
Höhe: 2 (–3) m.
Blätter: immergrün, elliptisch, 2–3 cm, dunkelgrün.
Blüten: unbedeutend.
Früchte: Beeren, kugelig, schwarz, 6 mm Ø.
Wurzelsystem: Flachwurzler, filzig im Oberboden.
Ansprüche: sandig – humos, frisch – feucht, sauer – neutral, windgeschützt, ○ – ◑.
Eigenschaften: absolut winterhart, etwas empfindlich gegen harten Ostwind, hohes Ausschlagvermögen.
Verwendung: Ziergehölz im Siedlungsbereich und im Hausgarten, für kleine Hekken, in Pflanzgefäßen.
Sortenauswahl:
– – **'Convexa',** bis 1,5 m hoch und meist viel breiter, Blätter steif, ledrig, glänzend dunkelgrün,
– – **'Golden Gem',** bis höchstens 0,8 m hoch, aber deutlich breiter, Blätter goldgelb, später etwas vergrünend,
– – **'Rotundifolia',** bis 2 m hoch, meist genauso breit, Blätter hellgrün, glänzend, leicht gewölbt, besonders frosthart, für Formschnitt geeignet,
– – **'Stokes',** bis 0,8 m hoch und ca. 1 m breit, Blätter kleiner als beim Typ, extrem langsam wachsend, winterhart.

Ilex x meserveae ®
Aquifoliaceae
9.3.2.5

Wuchs: K-Strauch bis Strauch, breitbuschig, kompakt.
Höhe: ausgewachsen bis deutlich über 2 m.
Blätter: immergrün, glänzend, oben dunkelgrün, unten hellgrün, gewellt und gebuchtet, kräftige Blattdornen.
Blüten: Glöckchen, klein, weiß, unauffällig, ab V.
Früchte: kugelförmig, klein, rot, ab X–III.
Wurzelsystem: Flachwurzler, filzig im Oberboden.
Ansprüche: sandig bis humos, frisch bis feucht, sauer bis neutral ○ – ◑.
Eigenschaften: frosthart, etwas hitzeempfindlich.
Verwendung: im Siedlungsgrün zur Einzelstellung und in Gruppen, zur Unterpflanzung, auf Friedhöfen; im Garten als immergrünes Ziergehölz in entsprechenden Pflanzengemeinschaften.
Sorten:
– – **'Blue Angel'** ®, Blätter tief dunkelgrün, stark gewellt, Triebe bläulich-purpur.

– – **'Blue Princess'** ®, Blätter dunkelgrün, unten frischgrün, Blattrand gewellt und gebuchtet, Beeren in Büscheln, mit hohem Zierwert,

– – **'Blue Prince'** ®, Höhe über 2 m, Blätter etwas größer als die vorigen, oberseits glänzend dunkelgrün, unterseits matthellgrün, sehr schwach gewellt, grob gezähnt – als Pollenspender für weibliche Ilex erforderlich, gut geeignet für Hecken.

Ilex verticillata
Aquifoliaceae
Korallen-Ilex
1.2.1.5

Wuchs: Strauch, aufrecht – sparrig, häufig vielstämmig.
Höhe: bis 3 m und genauso breit.
Blätter: elliptisch bis breit eiförmig, 4–7 cm, dunkelgrün; Herbstfärbung gelblich bis rötlich.
Blüten: weiß, –VI/VII–.
Früchte: kugelig, dick, korallenrot, ab IX, lange haftend.
Wurzelsystem: Flachwurzler.
Ansprüche: wie – aquifolium, ○ – ◑.
Verwendung: im Siedlungsbereich und im Hausgarten als Zierstrauch (Fruchtschmuck), Randbepflanzung, in Mischpflanzungen, für Binderei.

Jasminum nudiflorum
Oleaceae
Winter-Jasmin
6.3.1.9

Wuchs: Strauch, locker, freistehend, breitwachsend und stark überhängend, Spreizklimmer.
Höhe: bis 3,0 m, mit Kletterhilfen auch höher.
Blätter: lanzettlich, 1–3 cm lang, tiefgrün, wintergrün.
Blüten: einzeln, achselständig am vorjährigen Holz, bis 3 cm Ø, gelb, –II/IV–.
Früchte: unscheinbar.
Ansprüche: normale, kultivierte Böden, geschützte Lagen, ○ – ◑.
Eigenschaften: wärmeliebend, kalkliebend, auch für rohe Böden geeignet.
Verwendung: im Siedlungsbereich und im Hausgarten als Blütengehölz (Frühjahrsblüher), mit Kletterhilfe an Mauern, auf Böschungen, in Hochbeeten und Kübeln.

Juglans regia
Juglandaceae
Walnuß, Welschnuß, Nußbaum – (W)
3.3.1.2

Wuchs: Baum, rundkronig, locker.
Höhe: 10–15 (20) m.
Blätter: gefiedert, meist zu 7, dunkelgrün, 30–40 cm.
Verwendung: Landschaftsgehölz; im Siedlungsbereich als Solitärbaum in großräumigen Anlagen.
Siehe BdB Handbuch VIII „Wildgehölze".

Kalmia angustifolia 'Rubra'
Ericaceae
Lorbeerrose
1.1.2.6

Wuchs: K-Strauch, straff aufrecht, wenig verzweigt.
Höhe: bis 1 m.
Blätter: immergrün, lanzettlich, 3–6 cm, frischgrün, unten heller.
Blüten: in Büscheln an den Triebenden, 8 cm, Einzelblüte glockig bis 1 cm, blaurosa, –VI/VII–.
Wurzelsystem: dicht verzweigt, fein, auf geeigneten Böden Ausläufer.
Ansprüche: ausreichend feucht, sauer, ○ – ●.

Eigenschaften: winterhart, kalkfeindlich, schattenverträglich.
Verwendung: im Garten einzeln und in Gruppen in vergleichbaren Pflanzengesellschaften.

Kalmia latifolia
Ericaceae
Berglorbeer
5.2.4.6

Wuchs: Strauch, breitbuschig, aufrecht.
Höhe: 1,5–2,0 (3) m.
Blätter: immergrün, elliptisch-lanzettlich, 5–10 cm lang, glänzend dunkelgrün, unterseits gelblich-grün.
Blüten: in Doldentrauben bis 15 cm Ø, endständig, Einzelblüten kelchförmig, rosa, – V/VI–.
Wurzelsystem: Flachwurzler, filzig.
Ansprüche: wie – angustifolia.
Verwendung: wie – angustifolia.

Kerria japonica
Rosaceae
Kerrie, Ranunkelstrauch
3.2.2.6

Wuchs: Strauch, vieltriebig aus der Basis, aufrecht, mit dünnen, rutenförmigen Zweigen.
Höhe: 1–2 m.
Blätter: eiförmig bis eilänglich, doppelt gesägt, frischgrün.
Blüten: einzeln oder zu mehreren, mit fünf ovalen Petalen, 3 cm Ø, goldgelb, –V/VI–.
Wurzelsystem: Flachwurzler, Ausläufer treibend.
Ansprüche: anspruchslos, ○ – ◑.
Eigenschaften: frostempfindlich, treibt im Frühjahr aber wieder aus.
Verwendung: im Siedlungsbereich und im Garten als Zierstrauch (Blütenstrauch) einzeln, in Gruppen, für Hecken und vor Gehölzgruppen.

Sorten: – **'Pleniflora',** Wuchs kräftiger und straffer als die Art, keine Ausläufer, Blüten ballförmig, dicht gefüllt, –V/VI–.

Koelreuteria paniculata
Sapindaceae
Goldblasenbaum
6.1.1.4

Wuchs: K-Baum oder G-Strauch, locker, breitkronig.
Höhe: 5–7 m.
Blätter: gefiedert, bis 35 cm lang, Austrieb rot; Herbstfärbung gelb.
Blüten: Blütenrispen, aufrecht, bis 35 cm. gelb, –VII/VIII–.
Früchte: in aufgeblasenen Kapseln, braun bis rotbraun, ab IX.
Wurzelsystem: flach, ausgebreitet, fleischig.
Ansprüche: normale, durchlässige Böden, schwachsauer bis alkalisch, ○.
Eigenschaften: sonnige Standorte in geschützter Lage verbessern die Blüte.
Verwendung: im Siedlungsbereich zur Einzelstellung (konkurrenzschwach), in Parks, Fußgängerzonen, großen Innenhöfen; im Garten als Solitärbaum (Blüten- und Fruchtschmuck).

Kolkwitzia amabilis
Caprifoliaceae
Kolkwitzie, Perlmuttstrauch
3.1.3.5

Wuchs: Strauch, breit aufrecht, im Alter stark überhängend.
Höhe: 3–4 m.
Blätter: breit-eiförmig, gegenständig, stumpfgrün behaart, 7 cm.
Blüten: Doldentrauben, bis 8 cm groß, endständig, Einzelblüte glockenförmig, rosa, – V/VI–.
Wurzelsystem: Flachwurzler, weit ausgebreitet.
Ansprüche: normale Gartenböden, ○ – ●.
Eigenschaften: frosthart, blüht auch im lichten Schatten.
Verwendung: im Siedlungsbereich in öffentlichen Grünanlagen; im Hausgarten als Zierstrauch (Blütenschmuck, malerische Wuchsform).
Sorten: – – **'Rosea',** Blüten stärker gerötet, sonst wie die Art.

Laburnum

Laburnum alpinum
Fabaceae
Alpengoldregen
7.1.2.4

Wuchs: G-Strauch bis K-Baum, trichterförmig mit bogig ausladenden Ästen.
Höhe: 5 (–7) m.
Blätter: elliptisch länglich, 3zählig, 4–7 cm, hellgrün, kahl.
Blüten: Blütentrauben, hängend, bis 30 cm lang, hellgelb, duftend, –VI–.
Früchte: Hülsen, flach, 6 cm lang, grün, ab IX, sehr giftig!
Wurzelsystem: Flachwurzler, fleischig, wenig verzweigt.
Ansprüche: normale, kultivierte Böden, ○ – ◑.
Eigenschaften: Giftgehölz, insbesondere die Samen; empfindlich gegen starken Rückschnitt.
Verwendung: im Siedlungsbereich einzeln und in Gruppen in Parks und anderen Grünanlagen – nicht an Schulen und Kinderspielplätzen; im Hausgarten im Einzelstand (Blütengehölz).

Laburnum anagyroides
Fabaceae
Gewöhnlicher Goldregen
7.1.2.4

Wuchs: G-Strauch oder K-Baum, Grundäste trichterförmig schmal, Seitenäste z. T. locker ausgebreitet überhängend.
Höhe: 5–7 m.
Blätter: elliptisch, 3zählig, wechselständig, 3–6 cm, frischgrün.
Blüten: in Trauben, bis 30 cm lang, locker hängend, gelb, –V/VI–.
Früchte: in Hülsen, bis 8 cm lang, flach, grün, sehr giftig!
Wurzelsystem: fleischig, wenig verzweigt.
Ansprüche: normale Gartenböden, kalkliebend, ○ – ◑.
Eigenschaften: Giftgehölz, frosthart.
Verwendung: wie – alpinum.

Laburnum x watereri 'Vossii'
Fabaceae
Goldregen 'Vossii'
9.3.2.3

Wuchs: G-Strauch oder K-Baum, straff aufrecht, im Alter leicht übergeneigt.

Höhe: 4–5 m.
Blätter: elliptisch, wechselständig, bis 10 cm, glänzend-grün.
Blüten: in Trauben, hängend, 40–50 cm lang, am mehrjährigen Holz, gelb, duftend, auffallend, –V/VI–.
Früchte: Fruchtkapseln, flach, grün, ab IX, sehr giftig!
Ansprüche: wie die vorige Art.
Eigenschaften: Giftgehölz.
Verwendung: wie –alpinum.

Lavandula angustifolia
Lamiaceae
Lavendel
6.1.2.8

Wuchs: Z-Strauch, dicht verzweigt, feintriebig.
Höhe: 0,3 (–0,5) m.
Blätter: immergrün, schmal lanzettlich, oberseits grün-filzig, unterseits heller.
Blüten: in Büscheln, endständig, lila, –VI/VIII–.
Wurzelsystem: filzig verzweigt.
Ansprüche: normale Böden, durchlässig, ○, geschützte Standorte.
Eigenschaften: nur in wintermilden Gebieten ausdauernd, Pflanze aromatisch duftend.
Verwendung: in Gärten als Begleitpflanze zu Rosen, Randbepflanzung.

Ledum palustre
Ericaceae
Sumpf-Porst,
Wilder Rosmarin – (W)
1.1.2.6

Wuchs: K-Strauch, bogig aufrecht wachsend.
Höhe: 0,5–1,2 m.
Blätter: immergrün, linealisch, glänzend grün, unterseits rostrot bis graufilzig.
Verwendung: Landschaftsgehölz; im Garten Zierstrauch in Gemeinschaft mit Moorbeetpflanzen.

Leucothoe walteri
(Syn. – catesbaei)
Ericaceae
Traubenheide, Lorbeerkrüglein
1.1.2.6

Ligustrum

Wuchs: K-Strauch, überhängende Zweige.
Höhe: 0,8–1,2 m.
Blätter: immergrün, lanzettlich, 5–15 cm, wechselständig; Herbstfärbung weinrot.
Blüten: in Trauben, 4–7 cm, weiß, –IV/V–.
Wurzelsystem: Flachwurzler, verfilzt, Ausläufer treibend.
Ansprüche: humos, frisch, ausreichend feucht, sauer, ◑ – ●.
Verwendung: im öffentlichen Grün und im Hausgarten als Bodendecker zum Unterwuchs auch in schattigen Partien.

– ovalifolium 'Aureum'

Ligustrum *L.*
Oleaceae
Liguster

Übersicht:

– **delavayanum,** 9.1.2.5 – *Strauch, immergrün, oft als Kugel-Liguster* dichtkronige Kugel, auf Hochstamm veredelt, Blätter frisch-glänzend, dunkelgrün, da nicht winterhart nur für Kübelbepflanzung, frostsicher überwintern.

– **obtusifolium var. regelianum,** 9.1.4.5 – *stumpfblättriger Liguster* 1,5 (2) m hoher, breitwüchsiger Strauch, Zweige horizontal ausgebreitet, Blätter lebhaft grün, im Herbst bläulich-violett, für Hecken bis 2 m Wuchshöhe, geschnitten und ungeschnitten.

– **ovalifolium** 6.3.4.5 – *wintergrüner Liguster, ovalblättriger Liguster,* G-Strauch, straff aufrecht, sehr dicht, Blätter glänzend dunkelgrün, unterseits gelblich-grün, in wintermilden Gebieten immergrün, sonst wintergrün, für Hecken, freiwachsend oder geschnitten, bis 3 m Wuchshöhe.

– **ovalifolium 'Aureum',** – goldblättriger Liguster, Wuchs etwas schwächer als die Art, Blätter breit goldgelb-gerandet oder völlig gelb.

– **vulgare,** 9.1.4.4 – *Liguster, Rainweide (siehe BdB-Handbuch VIII „Wildgehölze")* – ⟨B⟩ 3, 5

– **vulgare 'Atrovirens',** 6.3.2.4 G-Strauch, straff aufrecht wachsend, 3–4 m hoch, Blätter breit-elliptisch, tiefgrün, im Herbst tiefbraun und langhaftend, sonst wie die Art.

– **vulgare 'Lodense',** 9.1.4.6 – *Zwerg-Liguster* K-Strauch, 0,7 (–1) m, Blätter schmal-elliptisch, tiefgrün, im Winter bronze-braun, Verwendung für niedrige Hecken, Unterwuchs und Mischpflanzungen.

Ligustrum obtusifolium var. regelianum
Oleaceae
Stumpfblättriger Liguster
9.1.4.5

Wuchs: Strauch, Zweige seitlich ausgebreitet und sparrig waagerecht.
Höhe: 1,5–2,0 m.
Blätter: elliptisch bis eiförmig, 5–7 cm, lebhaft grün, am Herbst bläulich-violett.
Blüten: Rispen, klein, weiß –VI/VII–.
Früchte: Beeren, bleigrau bis schwarz, ab X, giftig.
Wurzelsystem: Flachwurzler, hoher Feinwurzelanteil.
Ansprüche: völlig anspruchslos, ○ – ◑.
Eigenschaften: Giftgehölz (Beeren)
Verwendung: im Siedlungsbereich als Gruppengehölz und für dichte, breite Hekken – nicht an Kinderspielplätzen (siehe Früchte); Im Garten für Hecken, freiwachsend oder geschnitten bis 2,5 m Höhe.

Liquidambar styraciflua
Hamamelidaceae
Amberbaum
2.3.1.2

Wuchs: Baum bis G-Baum, Krone je nach Standort von schlank-kegelförmig bis hochgewölbt-rundlich.
Höhe: (10–) 15–20 (30) m.
Blätter: gelappt, 5–7lappig, groß, glän-

zend-dunkelgrün; Herbstfärbung vielfarbig, auffallend.
Blüten: männliche Blüten in 5–7 cm langen Trauben, weibliche Blüten in langgestielten, hängenden Köpfchen.
Früchte: Kapseln, 2–3 cm lang.
Wurzelsystem: Tiefwurzler, fleischig, weitstreichend.
Ansprüche: ausreichend feuchte, nahrhafte Böden, sauer bis neutral, ○.
Eigenschaften: spätfrostgefährdet, empfindlich gegen zu hohe pH-Werte.
Verwendung: im Siedlungsbereich als Solitärgehölz, bevorzugt Teichränder.

Liriodendron tulipifera
Magnoliaceae
Tulpenbaum
2.3.2.1

Wuchs: G-Baum, Krone pyramidal, im Alter mehr rundlich, locker.
Höhe: 20–25 (–35) m.
Blätter: gelappt, wechselständig, 8–15 cm lang und breit, oben frischgrün, unterseits

schwach-bläulich; Herbstfärbung goldgelb, insgesamt auffallend.
Blüten: tulpenähnlich, 4–5 cm lang, gelblich-grün, –VI–.
Früchte: Zapfen, 6–8 cm.
Wurzelsystem: Herzwurzler, fleischig, tief.
Ansprüche: sandig – humos, tiefgründig, sauer bis schwach alkalisch, ○.
Eigenschaften: nur bei geschütztem Standort vollkommen winterhart, empfindlich gegen Oberflächenverdichtung, kalkmeidend, Blüte erst nach 20 Jahren.
Verwendung: im Siedlungsbereich zur Einzelstellung und in Gruppen in großräumigen Anlagen im freien Stand.

Lonicera
Caprifoliaceae
Heckenkirsche

Übersicht:
strauchartig wachsende Lonicera
– **alpigena,** 7.3.6.5, *Alpen-Heckenkirsche – (W)*
K-Strauch. (1) 1,5–2 (3) m.
– **caerulea,** 8.1.5.6, *Blaue Heckenkirsche – (W)*
K-Strauch, 0,5–1,5 (2) m.
– **ledebourii,** 2.4.4.5, *Kalifornische Heckenkirsche* Strauch, 2 (–3) m.
– **maackii,** 7.3.3.4 *Schirm-Heckenkirsche*
G-Strauch, 3–4 m.
K-Strauch, 0,5–1,5 m.
– **nitida 'Elegant',** 6.4.2.6 *Heckenmyrte* K-Strauch, 1,0–1,5 (2) m.
– **pileata,** 7.1.6.6 *Böschungsmyrte*
Z-Strauch, 0,5 m
– **tatarica,** 4.2.3.4 *Tatarische Heckenkirsche* G-Strauch, 3–5 m.
– **xylosteum,** 3.1.6.5 *Gewöhnliche Heckenkirsche – (W)* Strauch, 1–2 (3) m.

Hinweis: Arten mit – (W) als heimische Wildgehölze – siehe BdB- Handbuch VIII „Wildgehölze".

Schlingende Arten siehe Abschnitt „Schling- und Kletterpflanzen" in dieser Ausgabe.

Lonicera ledebourii
Caprifoliaceae
Kalifornische Heckenkirsche
2.4.4.5

Wuchs: Strauch, breitbuschig, wenig verzweigt.
Höhe: 2–3 m.
Blätter: elliptisch – schmal eiförmig, 8–10 cm lang.

Blüten: gelb-rot, 2 cm, in roten Deckblättern stehend.
Früchte: Beeren, purpur-schwarz, –VIII–.
Wurzelsystem: Flach- und Tiefwurzler.
Ansprüche: alle normalen, kultivierten Böden, ○ – ◑.
Eigenschaften: absolut frosthart, anspruchslos.
Verwendung: im Siedlungsbereich zur Einzelstellung und in Gruppen; im Hausgarten als Zierstrauch (Blüten- und Fruchtschmuck).

Lonicera maackii

Caprifoliaceae
Schirm-Heckenkirsche
7.3.3.4

Wuchs: G-Strauch, aufrecht, breit ausladend mit überhängenden Seitenzweigen.
Höhe: 4–5 m.
Blätter: eilanzettlich, 5–8 cm, dunkelgrün; Herbstfärbung gelb.
Blüten: Kronen zu zweit, bis 2 cm lang, weiß, gelblich verblühend, sehr zahlreich, stark duftend, –VI–.
Früchte: Beeren, erbsengroß, blutrot, ab VIII.
Wurzelsystem: Flach- und Tiefwurzler.
Ansprüche: alle normalen, kultivierten Böden, ○ – ●.
Eigenschaften: absolut frosthart, anspruchslos.
Verwendung: im Siedlungsbereich zur Einzelstellung und in Gruppen; im Hausgarten als Zierstrauch (Blüten- und Fruchtschmuck).

Lonicera nitida 'Elegant'

(Syn. – pileata f. yunnanensis)
Caprifoliaceae
Heckenmyrte
6.4.2.6

Wuchs: K-Strauch, vieltriebig, mit schräg aufstrebenden, teils überhängenden Zweigen.
Höhe: 1 (–1,5) m und genauso breit.
Blätter: immergrün, eiförmig bis eirund, mattgrün.
Wurzelsystem: Flachwurzler.
Ansprüche: anspruchslos, ○ – ●.
Verwendung: im Siedlungsbereich als Bodendecker, zur Unterpflanzung halbschattiger bis schattiger Gehölzpartien, im Straßenbegleitgrün; im Hausgarten für Einfassungen, als niedrige Hecken, für Pflanzkübel und Dachgärten.
Sorten: – – **'Maigrün',** kompakter Wuchs, glänzendgrüne Blätter, laut Bundesgehölzsichtung beste aller geprüften Sorten.

Lonicera tatarica

Caprifoliaceae
Tatarische Heckenkirsche
4.2.3.4

Wuchs: G-Strauch, aufrecht, buschig-breit.
Höhe: 3–4 m.
Blätter: eiförmig bis lanzettlich, 4–6 cm, dunkelgrün.
Blüten: paarweise, bis 2 cm breit, weiß-rosa, –V/VI–.
Früchte: Beeren, kugelig, hellrot, –VII/VIII–, giftig.
Wurzelsystem: Flachwurzler.
Ansprüche: in normalen Böden, ○ – ●.

Eigenschaften: Giftgehölz (Beeren).
Verwendung: Landschaftsgehölz, als Deckstrauch, für Windschutz; im Siedlungsbereich für Abpflanzungen, Unterpflanzung schattiger Baumpartien; im Garten als Bestandteil großformatiger Blütenhecken.
Sorten:
– – **'Hack's Red',** Blüten tiefpurpurrosa,
– – **'Rosea',** Blüten rosa.

Lonicera xylosteum
Caprifoliaceae
Rote Heckenkirsche (W)
3.1.6.5

Wuchs: Strauch, breit aufrecht.
Höhe: 3–5 m.
Blätter: eiförmig bis lanzettlich 4–6 cm, grün.
Blüten: gelblich-weiß, V–VI.
Früchte: erbsengroß, dunkelrot.
Wurzelsystem: Flachwurzler.
Verwendung: in der Landschaft und im Siedlungsbereich als anspruchsloser Deckstrauch.
Sorten: – – **'Clavey's Dwarf',** niedrige Heckenkirsche, Höhe bis 1 m, für flächige Pflanzungen und niedrige Hecken.

Lycium barbarum
(Syn. Lycium halimifolium)
Solanaceae
Bocksdorn
5.1.2.5

Wuchs: Strauch, ausgewachsen bogig weitüberhängend.
Blätter: lanzettlich, graugrün.
Blüten: trichterförmig, purpur-lila, auffallend, ab V/IX.
Früchte: Beeren, in verschiedenen Rottönen, auffallend, ab VIII, giftig.
Ansprüche: anspruchslos, ○ – ●.
Eigenschaften: gedeiht auch auf trockensten sandigen Böden, salzverträglich.
Verwendung: Landschaftsgehölz, als Gruppengehölz an Böschungen, Straßen, für Halden- und Geröllflächen, zur Bodenbefestigung.

Magnolia kobus
Magnoliaceae
Baum-Magnolie
3.2.2.3

Wuchs: K-Baum oder G-Strauch, Krone breit kegelförmig bis rundlich.
Höhe: 8–10 m.
Blätter: verkehrt-eiförmig, 10–18 cm lang, glänzend grün, unterseits hellgrün.
Blüten: einzeln, mit 6–9 Kronblättern, bis 10 cm lang, weiß bis zartrosa, vor dem Laubaustrieb, –VI/V–.
Früchte: rot, länglich, auffallend.

Wurzelsystem: mäßig tief, fleischig, flach ausgebreitet.
Ansprüche: humos, sauer bis schwach alkalisch, windgeschützt, ○.
Eigenschaften: frosthart, im Wurzelbereich empfindlich. Blüten – wie bei allen Magnolien mit Ausnahme von M. Sieboldii – spätfrostgefährdet.
Verwendung: im Siedlungsbereich zur Einzelstellung; im Garten als Hausbaum (Blütenbaum, Wuchsform).

Magnolia liliiflora 'Nigra'

(Syn. – soulangiana 'Nigra')
Magnoliaceae
Purpur-Magnolie
9.2.1.4

Wuchs: G-Strauch, dicht verzweigt, breit.
Höhe: 3–4 m.
Blätter: verkehrt-eiförmig, 8–18 cm lang, dunkelgrün.
Blüten: glockenförmig, aufrecht, 8–10 cm hoch, außen purpurn, innen hellpurpur, mit dem Blattaustrieb, auffallend, –V/VI–.
Wurzelsystem: wie – kobus
Ansprüche: wie – kobus.
Verwendung: wie – kobus.

Magnolia x loebneri

Magnoliaceae
Hohe Magnolie
3.2.2.3

Wuchs: G-Strauch, locker, breit, oft baumartig.
Höhe: 6 (–8) m.
Blätter: schmal verkehrt-eiförmig, bis 15 cm lang, stumpfgrün, unterseits hellgrün.
Blüten: einzeln, meist 12 Petalen, bis 15 cm breit, reinweiß, sehr zahlreich, auffallend, –IV/V–.
Ansprüche: wie – kobus.
Verwendung: wie – kobus.

Sorten: – – **'Leonard Messel',** 6–8 m, Blüten weiß, außen rosa, –III/IV–.
– – **'Merrill',** 5–8 m, Blüte leuchtendweiß, 15 cm Ø, –IV/V–.

Magnolia sieboldii

Magnoliaceae
Sommer-Magnolie
7.2.5.4

Wuchs: Strauch, Grundtriebe straff aufrecht, locker – breitwüchsig.
Höhe: 2–3 (–4) m.
Blätter: breit-elliptisch, 6–15 cm lang, dunkelgrün, unterseits bläulich-grün.

Magnolia

Blüten: schalenförmig, 7–10 cm Ø, weißvergilbend, Staubgefäße karmin, remontierend, duftend, auffallend, –VI/VIII–.
Ansprüche: wie – kobus.
Verwendung: wie – kobus, durch langsamen Wuchs auch für kleine Gartenräume geeignet.

Magnolia x soulangiana

Magnoliaceae
Tulpen-Magnolie
9.2.1.4

Wuchs: G-Strauch oder K-Baum, locker aufrecht, im Alter breit ausladend, überhängend.
Höhe: 4–6 (–8) m.
Blätter: verkehrt-eiförmig, 15–20 cm lang.
Blüten: glockenförmig, später schalenförmig öffnend, aufrecht, bis 10 cm hoch, außen rötlich-rosa, innen weiß, duftend, sehr zahlreich, auffallend, –IV/V–.
Wurzelsystem: wie – kobus.
Ansprüche: wie – kobus.
Verwendung: wie – kobus.
Sorten: ca. 10–15 Sorten mit unterschiedlicher Verfügbarkeit im Handelssortiment.

Magnolia stellata

Magnoliaceae
Stern-Magnolie
7.2.2.5

Wuchs: Strauch, dicht verzweigt, breit.
Höhe: 2 (–3) m.
Blätter: schmal, verkehrt-eiförmig, 4–10 cm lang.
Blüten: sternförmig, bis 8 cm Ø, weiß, vor dem Austrieb, sehr zahlreich, duftend, –III/IV–.
Wurzelsystem: wie – kobus.
Ansprüche: wie – kobus.
Verwendung: im Garten als Blütengehölz, da trägwüchsig-kleinbleibend auch für kleine Gartenräume.

Mahonia aquifolium
Berberidaceae
Mahonie
7.2.5.6

Wuchs: K-Strauch, aufrecht, buschig.
Höhe: 1 m.
Blätter: immergrün, gefiedert, bis 25 cm lang, Einzelblatt glänzend-grün, dornig-gezähnt.
Blüten: in Trauben, aufrecht, 5–8 cm lang, goldgelb, –IV/V–.
Früchte: Beeren, schwarz-purpur, blau bereift.
Wurzelsystem: Hauptwurzel tief, Seitenwurzeln flachstreichend, verfilzt.
Ansprüche: sandig-kiesig, humos, ○ – ●.
Eigenschaften: hohes Ausschlagvermögen, verträgt Schatten und Wurzeldruck, starken Rückschnitt vertragend.
Verwendung: im Siedlungsbereich zur Unterpflanzung schattiger Partien, im Straßenbegleitgrün, in Friedhofsanlagen; im Hausgarten für niedrige Hecken, zur Unterpflanzung von Bäumen (selbst Birken), für Pflanzgefäße.
Sorten: – – **'Apollo',** etwas niedriger als die Art, Blätter größer und matt-glänzend, Blütentrauben größer, – IV/V–.

Mahonia bealei
Berberidaceae
Schmuck-Mahonie
6.4.4.5

Wuchs: Strauch, dicke, steif aufrechte Grundtriebe, kaum verzweigt.
Höhe: 1,5–2,5 m.
Blätter: immergrün, gefiedert, 30–40 cm lang, Einzelblatt länglich, dornig gezähnt, oberseits ledrig-dunkelgrün, unterseits hellgrün.
Blüten: in meist überhängenden, langen Trauben, 8–20 cm lang, gelb, duftend, –II/IV–.
Früchte: Beeren, bläulich-schwarz, weiß bereift, ab VII.
Wurzelsystem: dichte Feinwurzeln.
Ansprüche: bevorzugt humose Böden, neutral, in geschützten Lagen, ○ – ◑.
Eigenschaften: bedingt frosthart, Winterschutz erforderlich.
Verwendung: im Siedlungsbereich und im Hausgarten zur Einzelstellung – immergrüner Zierstrauch (auffallende Blätter, Blüten, Früchte).

Malus

Malus floribunda

Malus sargentii

Malus x purpurea

Malus sylvestris

Übersicht

Malus – Rosaceae – *Apfel*

Die Gruppe der Malus-Hybriden umfaßt eine große Zahl verschiedener Zieräpfel vom G-Strauch bis zum K-Baum. Zum Sortiment der Obstsorten siehe BdB-Handbuch, VI „Obstgehölze“

Name	Blüte	Frucht	Höhe in m
'Charlottae'	weiß	grüngelb	6
'Eleyi'	weinrot	purpur	4–6
'Evereste'	weiß	orange	3–5
– floribunda	rosa-weiß	gelb	8–10
'Golden Hornet'	weiß	gelb	5
'Hillieri'	rosa	gelb/orange	4–8
'Hopa'	lilarot	rot	4–5
'John Downie'	weiß	orange-rot	4–8
'Liset'	purpur	dunkelrot	8
'Nicoline'	purpurrot	hellrot	8
'Prof. Sprenger'	weiß	orange	4
'Profusion'	weinrot	rotbraun	8
'Royalty'	karminrot	rot	4
– x sargentii	rosa/weiß	dkl. rot	8–10
'Striped Beauty'	weiß	dkl. rot	4–6
'van Eseltine'	gefüllt rosa	gelb + rot	4

Malus sylvestris

(Syn. M. communis)
Rosaceae
Holz-Apfelbaum (W)
2.5.2.3

Wuchs: K-Baum, meist kurzstämmig, breite, flache Krone.
Höhe: 3–10 m.
Verwendung: für Mischpflanzungen, Hecken, naturnahe Anlagen.
Hinweis: da Wildform und verwilderte Kulturformen kaum zu unterscheiden sind, wird als Sammelbezeichnung hierfür Malus domestica verwendet.

Mespilus germanica

Rosaceae
Echte Mispel (W) – Ⓑ 4, –
6.3.2.4

Wuchs: G-Strauch, breit ausladend.
Höhe: 3–6 m.
Blätter: lanzettlich-oval, oberseits trübgrün, unterseits graugrün-filzig.
Verwendung: Landschaftsgehölz, in Mischpflanzungen; im Siedlungsbereich zur Eingrünung, im dörflichen Grün, auch Obstgehölz.

Nothofagus antarctica

Fagaceae
Scheinbuche, Pfennigbuche, Südbuche
7.2.1.4

Wuchs: K-Baum oder G-Strauch, meist mehrstämmig, Seitenäste waagerecht, fischgrätenartig verzweigt.
Höhe: 5–7 (10) m.
Blätter: eiförmig, klein, 1,5 cm, mit gekraustem Rand, frischgrün, im Herbst goldgelb.
Blüten: unscheinbar.
Früchte: unscheinbar.
Wurzelsystem: tief und flach, weit ausgebreitet.
Ansprüche: frische, durchlässige Böden, bevorzugt sauer, ○ – ◑.
Verwendung: im Siedlungsbereich in Parks und anderen Grünanlagen; im Garten als Ziergehölz (auffallende Wuchsform), im Vorgarten, an Terrassen, vor Mauern und in großen Pflanzgefäßen.

Pachysandra terminalis
Buxaceae
Schattengrün
3.2.7.8

Wuchs: Z-Strauch, Halbstrauch, Triebe aufrecht, teppichartig.
Höhe: 0,2 (–0,3) m.
Blätter: immergrün, verkehrt-eiförmig, 5–7 cm lang, grobgezähnt.
Blüten: in endständigen Ähren, weiß, –IV/V–.
Früchte: eiförmig, weiß.
Wurzelsystem: mit fleischigen, fadenförmigen Rhizomen ausbreitend.
Ansprüche: lockere, genügend feuchte Böden, ◑ – ●.
Verwendung: im Siedlungsbereich als Bodendecker zur Unterpflanzung von Gehölzen auch in Schattenlagen; desgleichen im Garten.
Sorten: – 'Green Carpet', kompakterer Wuchs, kleinere Blätter als – terminalis.

Parrotia persica
Hamamelidaceae
Parrotie
2.3.2.4

Wuchs: G-Strauch oder K-Baum, meist mehrstämmig, aufrecht, breit ausladend.
Höhe: 5–7 m und genauso breit.
Blätter: verkehrt-eiförmig, bis 10 cm, glänzend-dunkelgrün; Herbstfärbung vielfarbig in Gelb-Rottönen.
Blüten: in Blütenständen aus zahlreichen, gelben Einzelblüten, mit heraushängenden roten Staubgefäßen, zahlreich, –III/IV–.
Früchte: braune Nüsse, 1–2 cm Ø.
Wurzelsystem: Tief- und Flachwurzler.
Ansprüche: alle normalen, kultivierten Böden, ○ – ◑.
Verwendung: im Siedlungsbereich als Solitärbaum in öffentlichen Grünanlagen und ausreichend großen Gärten.

Parthenocissus
im Anhang auf Seite 162.

Paulownia tomentosa
Scrophulariaceae
Paulownie, Blauglockenbaum
6.1.1.3

Wuchs: Baum, häufiger G-Strauch, Krone locker, breit gewölbt.
Höhe: 12–15 m.
Blätter: eiförmig, bis 30 cm lang und 25 cm breit, oberseits grün, unterseits grau-filzig.
Blüten: rispenartig, aufrecht, bis 30 cm lang, hellviolett, –IV/V–.
Früchte: Kapsel, eiförmig, 3 cm lang.
Wurzelsystem: Tiefwurzler, fleischig.
Ansprüche: durchlässige, nahrhafte Böden, neutral bis stark alkalisch, ○.
Eigenschaften: nur in Regionen mit Weinbauklima und auch hier nur in geschützten Lagen.
Verwendung: im Siedlungsbereich als Solitärgehölz in garantiert geschützten, sonnigen Situationen.

Pernettya mucronata
Ericaceae
Torfmyrte
1.1.4.6

Wuchs: K-Strauch, feintriebig, dicht verzweigt.
Höhe: 0,5–1,0 (–1,5) m.
Blätter: immergrün, lanzettlich bis schmal-elliptisch, bis 2 cm lang, dunkelgrün-glänzend.
Blüten: krugförmig, klein, weiß, –V/VI–.
Früchte: kugelig, 0,8–1,2 cm Ø, Farben (nach Sorten) von rosa, rot, purpur bis lila, sehr zahlreich an den Triebenden, ab VIII/IX.
Wurzelsystem: dicht verfilzte Wurzeln im oberen Bereich, Ausläufer treibend.
Ansprüche: humos, sauer, ausreichend feucht, geschützt, ●.
Eigenschaften: bedingt frosthart, beansprucht Winterschutz, bevorzugt feuchte, saure Böden.
Verwendung: im Siedlungsbereich/Hausgarten als Gruppengehölz (Befruchtung) – im Hausgarten als Zierstrauch in entsprechenden Pflanzengesellschaften.
Sorten: zahlreich, mit unterschiedlichem Angebot im Handelssortiment, unterschiedlich in der Farbe der Früchte, sonst wie die Art.

Perovskia abrotanoides
Lamiaceae
Silberstrauch, Blauraute
6.1.1.8

Wuchs: Z-Strauch, Halbstrauch, locker aufrecht.
Höhe: bis 0,5–1 m.
Blätter: fiederteilig, Einzelfieder linealisch, bis 6 cm lang, graufilzig-grün, aromatisch duftend.
Blüten: Scheinähren, lang, am einjährigen Holz, lila, –VIII–.
Wurzelsystem: Feinwurzeln, flach und dicht verzweigt.
Ansprüche: trocken, sandig – steinig, neutral – alkalisch, ○.
Eigenschaften: nicht winterhart, jährlicher Ausschnitt im Frühjahr.
Verwendung: im Garten in Heide- und Steingärten, Gruppengehölz.
Sorten: – 'Hybrida' (– abrotanoides x atriplicifolia), Blätter eiförmig, fiederteilig, Blüten wie – abrotanoides an bis zu 80 cm langen Trieben.

Philadelphus coronarius
Philadelphaceae
Gartenjasmin, Bauernjasmin
3.1.3.5

Wuchs: G-Strauch, straff aufrecht mit seitlichen überhängenden Zweigen.
Höhe: 3 (–5) m.
Blätter: eiförmig, bis 9 cm lang.

Blüten: in Trauben zu 5–9, rahmweiß, duftend, –V/VI–.
Ansprüche: anspruchslos, ○ – ◑.
Verwendung: im Siedlungsbereich als Zierstrauch einzeln und in Gruppen; im, Garten als Zierstrauch (Blüten), zur Einzelstellung und in Blütenhecken.

Philadelphus – Hybriden

Übersicht:

– **x 'Belle Etoile',** Blüten rahmweiß, im Grunde purpurfarben, einfach, sehr groß, stark duftend.
– **x 'Dame Blanche',** K-Strauch, dichtbuschig, gedrungen, zierlich, Höhe 1 (–2) m,
– **x 'Erectus',** Strauch, aufrecht, locker verzweigt, dicht, Höhe 1,5–2,0 m,
– **x 'Girandole',** K-Strauch, straff aufrecht, dichtbuschig, Höhe 1,0–1,5 m,
– **x 'Manteau d'Hermine',** K-Strauch, sehr dicht, rundlich, Triebe überhängend,
– **x 'Schneesturm',** Strauch, Zweige elegant überhängend, Höhe bis 2 m.
– **x 'Virginal',** Strauch, steif aufrecht, stark wachsend, Höhe 2–3 m,

– **x inodorus var. grandiflorus,** G-Strauch, locker, Triebe schlank, übergebogen, Höhe 4–5 m.

Photinia villosa
Rosaceae
Glanzmispel
3.2.5.4

Wuchs: G-Strauch oder K-Baum, aufrecht, breit ausladend.
Höhe: 3–5 m.
Blätter: breit bis schmal verkehrt-eiförmig, 3–8 cm, oberseits frischgrün, unterseits graugrün behaart; Herbstfärbung orange-rot, auffallend.
Blüten: Doldentrauben, zu 5–20, weiß, –VI–.
Früchte: elliptisch, apfelförmig, leuchtendrot, langhaftend.
Wurzelsystem: dicht, weitstreichend.
Ansprüche: durchlässig – trocken, möglichst neutral, ○ – ◑.
Verwendung: im Siedlungsbereich einzeln und in Gruppen; im Garten als Zierstrauch (Früchte, Herbstfärbung).

Physocarpus opulifolius
Rosaceae
Blasenspiere
3.1.6.4

Wuchs: G-Strauch, straff aufrecht, breit ausladend.
Höhe: 3–4 m.
Blätter: eirundlich, meist 5lappig, bis 13 cm lang, tiefgrün; Herbstfärbung gelborange.
Blüten: Doldentrauben, vielblütig, bis 5 cm breit, weiß und blaßrosa, –VI–.
Früchte: Balgfrucht, rötlich, zu 3–5.
Wurzelsystem: Tief- und Flachwurzler.
Ansprüche: anspruchslos, ○ – ◑.
Verwendung: Landschaftsgehölz, zur Unterpflanzung, als Deckstrauch, Windschutz, freiwachsende Hecken.

Phyllostachys
Poaceae
Bambus

als wärmeliebende Pflanzen mit besonderen Standortansprüchen in Mitteleuropa anzutreffen: Pseudosasa japonica (2–3 m), Sasa pumila (0,3–0,7 m), Sinarundinaria murielae (siehe S. 124) und – nitida (bis 3m).

Pieris floribunda
Ericaceae
Schattenglöckchen
4.1.4.5

Wuchs: Strauch, aufrecht, dicht verzweigt.
Höhe: 1,5–2,0 m.
Blätter: immergrün, elliptisch-lanzettlich, 3–8 cm lang, oberseits mattgrün-lederig, unterseits bräunlich.
Blüten: in Trauben, rispenförmig, aufrecht, bis 10 cm lang, am zweijährigen Holz, Einzelblüten schneeweiß, 5–6 mm lang, – IV/V–.
Wurzelsystem: Flachwurzler, filzig.
Ansprüche: sandig – humos, sauer – neutral, nährstoffarm, ausreichend feucht, ◑ – ●.
Eigenschaften: schattenverträglich, kalkfeindlich.
Verwendung: im Siedlungsbereich zur Unterpflanzung schattiger Gehölzpartien; im Garten als Zierstrauch im lichten Schatten in, der Art gemäßen, Pflanzengesellschaften.

Pieris japonica
Ericaceae
Hängendes Schattenglöckchen
7.2.5.5

Wuchs: Strauch, breit aufrecht, locker.
Höhe: 2–3 m.
Blätter: immergrün, länglich-lanzettlich, 3–8 cm lang, stumpf gesägt, oben glänzend-grün, unterseits etwas heller, im Austrieb rötlich.
Blüten: Trauben, rispenförmig, hängend, weiß, bis 12 cm, auffallend, –III/IV–.
Wurzelsystem: Flachwurzler, filzig.
Ansprüche: wie – floribunda.
Verwendung: wie – floribunda.
Sorten: umfangreiches Sortiment mit unterschiedlichen Wuchsformen, Blütenfarben und Blattzeichnungen.

Pieris japonica 'Forest Flame'

Sortenbeispiele:
– – **'Red Mill',** Strauch, Höhe 1,6 m im Austrieb rot, Blüte cremeweiß.
– – **'Splendens',** Höhe 1,5 m, weißblühend, starkwüchsig.
– – **'Stöckmann',** Höhe 1,2 m, weißblühend, niedrig, kompakt.

– – **'Variegata',** Höhe 0,8 m, weiß gerandetes Blatt.
– – **'White Cascade',** besonders reich weißblühend.

Platanus x acerifolia
Platanaceae
Platane
2.5.2.1

Wuchs: G-Baum, Krone hochgewölbt, breitausladend.
Höhe: 25–30 m
Blätter: gelappt, 3–5lappig, ähnlich dem Spitzahorn, bis 25 cm groß, glänzend dunkelgrün; Herbstfärbung ockergelb.
Blüten: unscheinbar, gelblich-grün, –V–.
Früchte: kugelig, borstig, olivbraun, 2,5 cm dick, langhaftend.
Wurzelsystem: Tief- und Flachwurzler.
Ansprüche: schwere bis mittelschwere, nährstoffhaltige Böden, ○.
Eigenschaften: schnellwüchsig, frosthart, verträgt Formschnitt.
Verwendung: im Siedlungsbereich als Solitärgehölz in Parks, Straßenbaum bei ausreichendem Raumangebot, kastenförmig geschnittene Kronen zur Raumbildung auf Plätzen.

Polygonum aubertii

im Anhang auf Seite 163.

Populus

Salicaceae
Pappel

Etwa 40 Arten sommergrüner, großer Bäume umfaßt die Gattung Populus. Die raschwüchsigen Arten und Kulturformen finden überwiegend als Landschaftsgehölze, bedingt auch im Siedlungsgrün Verwendung.

Übersicht:

– **alba,** 2.4.2.1, *Silber-Pappel* – ⟨W⟩ sommergrüner, großer Baum mit breitrundlicher, selten pyramidenförmiger Krone, Höhe 20–35 m,
– **balsamifera,** 2.2.3.1 *Balsam-Pappel* siehe Beschreibung,
– **x berolinensis,** 2.5.3.1 *Berliner Lorbeer-Pappel* siehe Beschreibung,
– **x euramericana 'Robusta',** 2.5.3.1 (Syn. – x canadensis), siehe Beschreibung,
– **x canescens,** 2.5.3.1 *Grau-Pappel* – *⟨W⟩* sommergrüner, großer Baum mit locker gestellten Ästen, im Alter überhängend, Höhe 20–25 (30) m und höher,
– **lasiocarpa,** 3.3.2.3, *Ostasiatische Pappel* siehe Beschreibung,
– **nigra,** 2.4.3.1, *Schwarz-Pappel* – *⟨W⟩* sommergrüner, hoher Baum mit breiter, lockerer Krone, Höhe 20–35 (30) m,
– **simonii,** 2.5.2.2, *Birken-Pappel* siehe Beschreibung,
– **tremula,** 4.2.3.2, *Zitter-Pappel, Espe* – *⟨W⟩* sommergrüner Baum mit lockerer, unregelmäßiger, oft malerischer Krone, Höhe je nach Standort (8) 10–30 (35) m.

Hinweis: Arten mit – *⟨W⟩*
als heimische Wildgehölze mit Beschreibung im BdB-Handbuch VIII „Wildgehölze".

Populus alba 'Nivea'

Salicaceae
Silber-Pappel – ⟨B⟩ –, 2, H
2.4.2.1

Wuchs: G-Baum, rundliche Krone, breitausladend.
Höhe: 20–30 m.
Blätter: gelappt, 3–5lappig, dunkelgrün, unterseits weißfilzig; Herbstfärbung gelb.
Blüten: Kätzchen, 8 cm lang, zweihäusig.
Wurzelsystem: Flachwurzler, weitstreichend.
Ansprüche: alle frischen Böden, trocken – feucht, ○ – ◑.
Verwendung: Landschaftsgehölz, im Siedlungsbereich als Gruppengehölz, Windschutz.

Populus balsamifera

Salicaceae
Balsam-Pappel
2.2.3.1

Wuchs: G-Baum, Krone verhältnismäßig schmal, offen, Stamm durchgehend.
Höhe: 18–25 (–30) m.
Blätter: eiförmig, 7–12 cm lang, oberseits dunkelgrün, unterseits weißlich; Herbstfärbung gelb, aromatisch duftend.
Blüten: Kätzchen, bis 9 cm lang, zweihäusig, –III/IV–.
Früchte: Kätzchen, bis 30 cm lang.
Wurzelsystem: Flachwurzler, weitstreichend.

Populus

Ansprüche: alle guten Böden, bevorzugt frisch bis feucht, ○ – ◑.
Verwendung: in der Landschaft und im Siedlungsbereich als Gruppengehölz, Windschutzgehölz, Parkbaum.

Populus x berolinensis
Salicaceae
Berliner Lorbeer-Pappel
2.5.3.1

Wuchs: G-Baum, Krone breit-säulenförmig mit durchgehendem Stamm.
Höhe: 20–25 (–30) m.
Blätter: eiförmig spitz, 8–12 cm, oben dunkelgrün, unten weißlich, Herbstfärbung gelb.
Eigenschaften: raschwüchsig.
Verwendung: wie – balsamifera.

Populus euramericana 'Robusta'
Salicaceae
(Syn. P. canadensis)
Kanadische Pappel
2.5.3.1

Wuchs: G-Baum Krone säulenförmig, schmal, Stamm durchgehend.
Höhe: bis 35 m.
Blätter: dreieckig, 8–12 cm lang, glänzend-grün; Herbstfärbung gelb.
Eigenschaften: sehr schnellwüchsig.
Verwendung: in der Landschaft zur Rekultivierung destavierten Flächen, als Nutzholz für die Papierindustrie; im Siedlungsbereich als Gruppengehölz, da relativ kurzlebig – Windbruchgefahr.

Populus x canescens
Salicaceae
Graupappel (W)
2.5.3.1
siehe BdB Handbuch VIII

Populus lasiocarpa
Salicaceae
Ostasiatische Pappel
3.3.2.3

Wuchs: K-Baum, Krone rundlich-geschlossen, im Alter mehr offen mit waagerechten bis hängenden Seitenästen.
Höhe: 10 (15) m.
Blätter: herz-eiförmig, bis 30 cm lang, mattglänzend, tiefgrün.
Eigenschaften: .
Verwendung: im Siedlungsbereich zur Einzelstellung in Parkanlagen.

Populus nigra 'Italica'
Salicaceae
Säulen-Pappel – Ⓑ –, 2, H
2.4.3.1

Wuchs: G-Baum, Krone schmal-säulenförmig, Stamm durchgehend, Seitenäste steil aufrecht.
Höhe: 25–30 m.
Blätter: rautenförmig, 4–8 cm, oberseits dunkelgrün, unterseits graugrün.
Eigenschaften: durchschnittliche Lebensdauer ca. 30 Jahre.
Verwendung: in der Landschaft und im Siedlungsbereich als sogenannte „Pyramidenpappel" für Pflanzungen als Sichtschutz und zur Abpflanzung vor Bauten, bedingt im Verkehrsbereich.

Populus simonii
Salicaceae
Birken-Pappel
2.5.2.2

Wuchs: Baum, schmalkronig, durchgehender Stamm, überhängende Zweige und Triebe.
Höhe: 12–15 m.
Blätter: rhombisch bis elliptisch, 6–12 cm lang, oben dunkelgrün, unten hellgrün.
Eigenschaften: sehr früh austreibend, trockenresistent, schnellwüchsig, kurzlebig.
Verwendung: im Siedlungsbereich zur Einzelstellung und in Gruppen in Grünanlagen, im Straßenbegleitgrün.

Populus tremula
Salicaceae
4.2.3.2
Aspe, Espe, Zitter-Pappel
siehe BdB Handbuch VIII

Potentilla fruticosa
Rosaceae
Potentille, Fingerstrauch
‹siehe Sorten›
4.2.2.6

Wuchs: K-Strauch, dicht verzweigt, breitbuschig.
Höhe: bis 1,5 m.
Blätter: gefingert, 3–7zählig, 1–3 cm lang, grün bis bläulich-grün.
Blüten: einzeln oder zu mehreren, 2–3 cm breit, leuchtend gelb am einjährigen Holz, –V/X–.
Wurzelsystem: Flachwurzler.
Ansprüche: kultivierte Böden, schwachalkalisch bis sauer, ○ – ◑.
Eigenschaften: schnittverträglich, kalkmeidend.
Verwendung: im Siedlungsbereich zur Flächenbegrünung, an Böschungen, zur Unterpflanzung im lichten Schatten; im Hausgarten Zierstrauch (Blütengehölz), einzeln oder in Gruppen, als niedrige Hecke und in Pflanzgefäßen.

Sortenauswahl:
Laut Gehölzsichtung Bundessortenamt/Bund deutscher Baumschulen (BdB) empfehlenswert:
(Wuchshöhe 65–100 cm)
– – **'Goldteppich',** leuchtend gelb,
– – **'Hachmann's Gigant',** leuchtend gelb,
– – **'Sommerflor',** leuchtend gelb,
– – **'Elisabeth',** hellgelb,
– – **'Kobold',** leuchtend gelb,
– – **'Goldstar',** leuchtend gelb,
– – **'Princess',** hellrosa.
– – **'Red Ace',** hellrot.
– – **'Royal Flush',** dunkelrosa.

– – **'Abbottswood',** weiß

– – **'Goldfinger'**, weiß-gelb.

Anmerkung: die Sorten 'Hachmann's Gigant', 'Elisabeth', 'Abbottswood' und 'Goldfinger' sind unanfällig gegen echten Mehltau.

Prunus *L.*

Rosaceae

Pflaume, Kirsche, Pfirsich, Mandel

Die Gattung umfaßt über 200 Arten der nördlichen, gemäßigten Klimazone. Nach der gärtnerischen Verwendung sind die Wildgehölz-Arten (W), die Ziergehölz-Arten und die Steinobst-Arten zu unterscheiden.

Übersicht:

– **avium,** *Vogelkirsche, Wildkirsche – (W)* Baum, 15–20 (25) m.

– **cerasifera,** *Kirschpflaume* siehe Beschreibung.

– **x cistena,** *niedrige Blutpflaume* siehe Beschreibung.

– **fruticosa,** *Zwerg-Kirsche – (W)* K-Strauch, 0,5–1,5 m.

– **glandulosa 'Alboplena',** siehe Beschreibung.

– **laurocerasus,** ‹siehe Sorten›, *Kirschlorbeer* siehe Beschreibung.

– **mahaleb,** *Felsen-Kirsche, Stein-Weichsel – (W)* G-Strauch oder K-Baum, Höhe (2) 3–6 (12) m.

– **padus,** *Trauben-Kirsche – (W)* G-Strauch oder K-Baum, Höhe 3–10 (15) m.

– **sargentii,** siehe Beschreibung.

– **sargentii x subhirtella 'Accolade',** siehe Beschreibung.

– **serotina,** *späte Trauben-Kirsche* siehe Beschreibung.

– **serrulata,** ‹siehe Sorten›, *Japanische Blüten-Kirsche* siehe Beschreibung.

– **spinosa,** *Schlehe, Schwarzdorn – (W)* Strauch, sparrig verzweigt, Höhe 1–3 (4) m.

– **subhirtella,** *Japanische Blüten-Kirsche* siehe Beschreibung.

– **triloba,** *Mandelbäumchen* siehe Beschreibung.

– **x yedoensis,** *Japanische Maien-Kirsche* siehe Beschreibung.

Hinweis: bei den mit – (W) gekennzeichneten Arten handelt es sich um heimische Wildgehölze. Weitere Angaben siehe BdB-Handbuch VIII „Wildgehölze". Die Obstsorten sind im BdB-Handbuch VI „Obstgehölze" dargestellt und beschrieben.

Prunus cerasifera

Rosaceae

Kirschpflaume, Myrobolane

6.1.2.4

Wuchs: G-Strauch, baumartig, Krone rundlich, offen.
Höhe: 5–7 m.
Blätter: elliptisch bis eiförmig, frischgrün.
Blüten: einfach, weiß, –III/IV–.
Früchte: eiförmig, 2–3 cm dick, gelb bis rot.
Wurzelsystem: tief und ausgebreitet.
Ansprüche: normale Gartenböden, schwachsauer bis schwachalkalisch, ○ – ◑.
Eigenschaften: trockenresistent.

Verwendung: im Siedlungsbereich einzeln und in Gruppen, in öffentlichen Grünanlagen; im Garten siehe Sorte.

Sorte: – – **'Nigra'**, *Blut-Pflaume,* Blätter vom Austrieb bis zum Herbst schwarzrot, sonst wie die Art; zur Einzelstellung in kleinen Vorgärten und in Gemeinschaft mit sommergrünen, frischgrünen Sträuchern.

Prunus x cistena –

Rosaceae

Zwerg-Blut-Pflaume

6.3.3.6

Wuchs: Strauch, aufrecht, breitbuschig.
Höhe: 1,5–2,0 m.
Blätter: verkehrt-eiförmig bis elliptisch, dunkelbraun-rot, metallisch-glänzend.
Blüten: einfach, bis 2,5 cm breit, im Erblühen schwachrosa, später weiß, zahlreich, – V–.
Früchte: dunkelrot, –VIII/IX–.

Wurzelsystem: Tiefwurzler, ausgebreitet.
Ansprüche: wie – cerasifera.
Verwendung: wie – cerasifera.

Prunus glandulosa 'Alboplena'

Rosaceae

Weiße Strauch-Kirsche

6.3.2.6

Wuchs: Strauch, aufrecht wachsend, fein verzweigt.
Höhe: 1,5–2,0 m.
Blätter: länglich-lanzettlich, leicht gesägt, matt, dunkelgrün, 3–4 cm lang.
Blüten: weiß, dicht gefüllt, –V–.
Wurzelsystem: wie – triloba.
Ansprüche: frische, durchlässige, humose Böden.
Eigenschaften: für Treiberei geeignet.
Verwendung: im Siedlungsbereich und in Grünanlagen, als Einzel- und/oder Gruppenstrauch.

Prunus laurocerasus

Rosaceae

Lorbeerkirsche – ⟨B⟩ 4, –
3.1.7.4

⟨siehe Sorten⟩

Wuchs: K-Strauch oder Strauch, meist breitbuschig.
Höhe: siehe Sorten.
Blätter: immergrün, glänzend dunkelgrün.
Blüten: in Trauben, aufrecht, weiß, –V/VI–.
Früchte: Beeren, kugelig, schwarzrot, giftig.
Wurzelsystem: Breit- und Tiefwurzler.
Ansprüche: humose, nahrhafte Böden, vorzugsweise schwachsauer bis alkalisch, ○ – ●.
Eigenschaften: hohe Schattenverträglichkeit, gutes Ausschlagvermögen, frosthart, trockenheitsverträglich.
Verwendung: im Siedlungsbereich in Grünanlagen zur Abpflanzung als Sicht- und Windschutz, zur Unterpflanzung schattiger Partien, als Flächenbegrüner; im Garten zur Einzelstellung zusammen mit Moorbeetpflanzen, auf vollschattigen Standorten und als Hecken.
Sorten: – – **'Barmstedt',** Wuchs schlank aufrecht bis 1,2 m hoch,

– – **'Otto Luyken',** Wuchs breit-buschig, sehr dicht, Höhe 1,0–1,5 m und genauso breit,

– – **'Schipkaensis Macrophylla',** aufrechter Strauch, offen-breitbuschig, Höhe 2,0–2,5 m,

– – **'Zabeliana',** K-Strauch, horizontaler Wuchs, Blätter weidenartig, Höhe bis 1,5 m und oft doppelt so breit.

Prunus sargentii
Rosaceae
Scharlach-Kirsche
3.3.2.3

Wuchs: G-Strauch oder K-Baum, breit ausladend, locker, Triebe überhängend.
Höhe: 8–12 m.
Blätter: verkehrt-eiförmig, bis 12 cm lang, im Austrieb bronzefarben; Herbstfärbung orange bis scharlachrot, auffallend.
Blüten: Trugdolden, 2–4 Blüten, rosa, sehr zahlreich, auffallend, –IV–.
Wurzelsystem: Breit- und Tiefwurzler.
Ansprüche: kultivierte Böden, tiefgründig, durchlässig, kalkreich, ○.
Eigenschaften: frosthart.
Verwendung: im Siedlungsbereich einzeln und in Gruppen in öffentlichen Grünanlagen und im Straßenraum.

Sorten: – – **'Accolade'**, (P. sargentii x subhirtella), G-Strauch, 3–4 (6) m, als Ziergehölz zur Gruppe der Blüten-Kirschen.

Prunus serotina
Rosaceae
Späte Trauben-Kirsche
4.1.3.4

Wuchs: G-Strauch bis K-Baum, auch Baum – standortabhängig – Krone schmal, Seitenäste überhängend.
Höhe: 6–15 (20) m.
Blätter: länglich, glänzend dunkelgrün, unten heller, langhaftend; Herbstfärbung orange gelb.
Blüten: Trauben, walzenförmig, bis 14 cm lang, weiß, zahlreich, –V/VI–.
Früchte: eirund, 8–10 mm, dunkelpurpur.
Wurzelsystem: Breit- und Tiefwurzler.
Ansprüche: völlig anspruchslos, ○.
Verwendung: Landschaftsgehölz, als Pioniergehölz für Ödland, Halden, Deponien, zur Uferbefestigung, für Windschutzpflanzungen; im Siedlungsbereich für Hecken, im Straßenbegleitgrün.

Prunus serrulata
Rosaceae
Japanische Blüten-Kirsche
‹siehe Sorten›
9.3.2.4

Sortenauswahl:
– – **'Amanogawa'**, *Säulenkirsche,* Wuchs schmal aufrecht, fast säulenförmig, Höhe 5–7 m, Blüten hellrosa, duftend.
– – **'Kanzan'**, Baum oder G-Strauch, Krone trichterförmig, locker verzweigt, Höhe 7–10 m, Blüten in Büscheln zu 2–5, gefüllt dunkelrosa.
– – **'Kiku-shidare–Zakura'**, (Syn. – x – 'Shidare sakura'), K-Baum, Krone locker, Äste bogig überhängend, Triebe bis zum Boden hängend, Höhe 3–5 m, Blüten in Büscheln, dicht gefüllt, rosa.
– – **'Shimidsu-sakura'** G-Strauch oder K-Baum, Krone trichterförmig, Höhe 2–3 (–4) m, Blüten weiß, halbgefüllt.

– – **'Shiro-fugen',** K-Baum, ausgebreitet, locker, Höhe 7–9 m, Blüten in Büscheln zu 2–3, gefüllt, rosa.
(Ansprüche und Verwendung: wie – sargentii).

Prunus spinosa
Rosaceae
Schlehe, Schwarzdorn (W)
6.3.3.5

Wuchs: Strauch, sparrig verzweigt.
Höhe: 1–3 (–4) m.
Blatt: breit-lanzettlich bis elliptisch.
Verwendung: Pioniergehölz, Gruppengehölz (siehe auch BdB-Handbuch VIII).

Prunus subhirtella
Rosaceae
Japanische Blüten-Kirsche
9.3.2.4

Wuchs: K-Baum oder G-Strauch, breitbuschig, Zweige leicht überhängend.
Höhe: 5–7 (10) m.
Blätter: eiförmig, schmal, bis 8 cm, dunkelgrün; Herbstfärbung rötlich gelb.
Blüten: in Büscheln zu 2–5, rosa, sehr reichblühend, –III/IV–.
Wurzelsystem: Breit- und Tiefwurzler.
Ansprüche: tiefgründig, lehmig, durchlässiger Humusboden, kalkliebend, ○.
Verwendung: wie – sargentii.

Sorten: – **'Autumnalis',** K-Baum oder G-Strauch, feintriebig, breitverzweigt, Höhe bis 5 m, Blüten in Büscheln zu 2–5, halb gefüllt, weißlich-rosa, –X/XII– und erneut in –IV–,

– – **'Fukubana',** G-Strauch, baumartig, Höhe 4–6 m, Blüten gefüllt, dunkelrosa, später heller, –IV/V–,
– – **'Pendula',** G-Strauch, Äste breit abstehend, Zweige bogenförmig hängend, Höhe bis 4 m, Blüten einfach, rosarot, –IV/V–.

Prunus triloba

Rosaceae
Mandelbäumchen
9.3.1.5

Wuchs: Strauch oder Zierbaum (veredelt), dicht verzweigt, breitbuschig.
Höhe: bis 2,5 m.
Blätter: verkehrt-eiförmig, breit, 3–6 cm.
Blüten: röschenartig, gefüllt, entlang den vorjährigen Trieben, rosa, auffallend, häufig vor Blattaustrieb, –IV/V–.
Wurzelsystem: Flachwurzler.
Ansprüche: kultivierte Böden, durchlässig, neutral bis schwach sauer, ○.
Eigenschaften: empfindlich gegen Trokkenheit und Oberflächenverdichtung.
Verwendung: in Gärten, Vorgärten, an Terrassen und in Pflanzgefäßen.

Prunus x yedoensis

Rosaceae
Japanische Maien-Kirsche
3.3.2.3

Wuchs: G-Strauch, breitausladende Grundäste, im Alter überhängend.
Höhe: 8–10 m.
Blätter: elliptisch, doppelt gesägt, 6–12 cm, frischgrün; Herbstfärbung goldgelb bis orange.

Blüten: überreich in Trauben, einfach, rosa, später weiß, –III/V–.
Früchte: erbsengroß, schwarz.
Wurzelsystem: ähnlich – avium.
Ansprüche: ähnlich – avium.
Eigenschaften: ähnlich – avium.
Verwendung: Einzelstellung im Siedlungsbereich und in öffentlichen Grünanlagen.

Pterocarya fraxinifolia

Juglandaceae
Flügelnuß
2.1.1.2

Wuchs: Baum, breit ausladend, etagenbildend, oft mehrstämmig.
Höhe: 15–20 (25) m.
Blätter: gefiedert, bis 50 cm lang, Blättchen lanzettlich, zu 7–27, 8–12 cm lang, oberseits glänzend dunkelgrün, unterseits heller; Herbstfärbung gelb.
Blüten: unscheinbar, grün, –V–.

Früchte: Fruchtstände, 20–40 cm lang, Früchte geflügelt, ab VIII.
Wurzelsystem: tief und breit, fleischig, Ausläufer bildend.
Ansprüche: tiefgründig, feucht, anpassungsfähig, ○ – ◑.
Eigenschaften: verträgt Überschwemmungen, winterhart, aber spätfrostgefährdet.
Verwendung: im Siedlungsbereich zur Einzelstellung in öffentlichen Grünanlagen, an Gewässern.

Pyracantha
Rosaceae
Feuerdorn

Wuchs: buschig wachsende, stark verzweigte Sträucher mit dornigen Trieben.
Höhe: sortenbedingt von 1 bis 4 m.
Blätter: einfach, rundlich bis lanzettlich, immergrün/wintergrün.
Blüten: sortenbedingt.
Früchte: sortenbedingt.
Ansprüche: auf normalen, kultivierten Böden, bevorzugt auf eher leichten und trockenen, nährstoffreichen Standorten, ○ – ◑.
Eigenschaften: schnittverträglich, hohes Ausschlagvermögen, sehr trockenresistent, unterschiedlich winterhart.
Verwendung: im Siedlungsbereich und im Garten als Zierstrauch (Früchte).

Sorten:
(laut Gehölzsichtung Bundessortenamt/Bund deutscher Baumschulen (BdB) empfehlenswert)
Pyracantha coccinea 'Red Column', Wuchs aufrecht, bis 2,5 m, Früchte leuchtendrot, Frostempfindlichkeit gering-mittel, Anfälligkeit für Schorf sehr gering.

Pyracantha-Hybriden (alle 9.1.1.5)

– **'Golden Charmer',** Wuchs aufrecht-buschig, bis 2 m, Früchte leuchtendorange, Frostempfindlichkeit stark, Anfälligkeit für Schorf sehr gering.

– **'Orange Charmer',**
Wuchs aufrecht-buschig, bis 2 m, Früchte

orange, Frostempfindlichkeit mittel-stark, Anfälligkeit gegen Schorf sehr gering bis gering.

– **'Orange Glow',**
Wuchs aufrecht, bis 3 m, Früchte orangefarben, Frostempfindlichkeit mittel bis stark, Anfälligkeit für Schorf sehr gering bis gering.

– **Soleil d'Or',**
Wuchs buschig, bis 2 m und deutlich breiter, Früchte goldgelb, Frostempfindlichkeit mittel, Anfälligkeit für Schorf sehr gering bis gering.
Hinweis: Zum Zeitpunkt der Abfassung sind eine Reihe von Neuzüchtungen bekannt, die bei ausreichender Frosthärte als gegen Feuerbrand und Feuerdorn-Schorf resistent gelten. Da ausreichende eigene Erfahrungen noch nicht vorliegen, wird auf entsprechende Veröffentlichungen verwiesen.

Pyrus calleryana 'Chanticleer'

Rosaceae
Chinesische Wildbirne
6.1.2.3

Wuchs: K-Baum, durchgehender Mitteltrieb, aufrechte Krone.
Höhe: 8–12 m.
Blätter: breitoval, 12 cm lang, dunkelgrün, ledrig glänzend; Herbstfärbung rot – karminrot.

Blüten: weiß, –IV/V–.
Früchte: unbedeutend, braun, 15 cm lang.
Wurzelsystem: Tiefwurzler.
Ansprüche: frische, feuchte, durchlässige sandige Lehmböden, kalkliebend, ○ – ◑.
Eigenschaften: fast frei von Krankheiten, Blütenbaum.
Verwendung: im Siedlungsbereich oder im öffentlichen Grün zur Einzelstellung, Alleebaum.

Pyrus pyraster

(Syn. Pyrus communis)
Rosaceae
Holzbirne, Birnbaum – (W) – Ⓑ 3, 2
6.4.2.2

Wuchs: Baum, Krone hochgewölbt, sparrig.
Höhe: 5–20 m.
Blätter: rundlich-eiförmig, frischgrün, glänzend; Herbstfärbung orange-gelb bis rot.
Verwendung: Landschaftsgehölz.
Sorten: zahlreiche Kultursorten, siehe BdB-Handbuch VI „Obstgehölze".

Pyrus salicifolia
Rosaceae
Weidenblättrige Birne
6.1.2.3

Wuchs: K-Baum, oft strauchartig, Krone breit, kugelig, dicht.
Höhe: 4 (–6) m.
Blätter: schmal-lanzettlich, bis 9 cm lang, silbrig-filzig.
Blüten: Doldentrauben, klein, weiß, entlang den Zweigen, –IV/V–.
Früchte: Birnenfrucht, 2–3 cm lang, grünlich.
Wurzelsystem: Tiefwurzler.
Ansprüche: anspruchslos, ○.
Verwendung: im Siedlungsbereich einzeln und in Gruppen.

Quercus

Übersicht

Quercus– Fagaceae – *Eiche*

In den nördlichen, gemäßigten Zonen ist die Gattung mit etwa 200 Arten vertreten, überwiegend als sommergrüne, teils auch als immergrüne Bäume.

		Höhe in m
– **cerris,**	*Zerr-Eiche,*	25–30 (–35)
– **coccinea,**	*Scharlach-Eiche*	20–25 (–30)
– **frainetto,**	*Ungarische Eiche*	20–30
– **macranthera,**	*Persische Eiche*	10–15 (–20)
– **palustris,**	*Sumpf-Eiche*	15–20
– **petraea,**	*Wintertrauben-Eiche – (W)*	20–25 (30)
– **pontica,**	*Pontische Eiche*	4–6
– **robur,**	*Sommer-Eiche – (W)*	30–35 (50)
– **rubra,**	*Rot-Eiche*	20–25 (–30)
– **x turneri 'Pseudoturneri',**	*Wintergrüne Eiche*	5–10

Hinweis: Arten mit – (W) siehe auch BdB-Handbuch VIII „Wildgehölze“

Quercus cerris
Fagaceae
Zerr-Eiche
6.3.2.1

Wuchs: G-Baum, Krone breit kegelförmig.
Höhe: 25–30 (–35) m
Blätter: gelappt, 7–9lappig, schmal-oval, glänzend dunkelgrün, unterseits heller; Herbstfärbung gelbbraun.
Früchte: Eicheln, breiteiförmig, 3 cm lang, zu 1–4.
Wurzelsystem: tief, weitstreichend.
Ansprüche: mittel- bis tiefgründig, nahrhafte und durchlässige Lehmböden, ○.
Verwendung: im Siedlungsbereich als Solitärgehölz, besonders in trockenen und kalkhaltigen Lagen.

Quercus coccinea
Fagaceae
Scharlach-Eiche
4.2.2.2

Wuchs: G-Baum, Krone rundlich, locker, Stamm meist durchgehend.
Höhe: 20–25 (–30) m.
Blätter: gelappt, buchtig-fiederlappig, tief eingeschnitten, bis 15 cm lang, glänzend grün; Herbstfärbung scharlachrot.
Früchte: Eicheln, einzeln, eiförmig, kurzgestielt, 1,5–2,0 cm groß.
Wurzelsystem: tief, ausgebreitet.
Ansprüche: tiefgründig, humos, durchlässig, schwach sauer bis stark alkalisch.

Eigenschaften: frosthart, verlangt kräftigen Boden.
Verwendung: im Siedlungsbereich für große Parkanlagen zur Einzelstellung und in Gruppen.

Quercus frainetto
Fagaceae
Ungarische Eiche
6.3.2.1

Wuchs: G-Baum, Krone rundlich bis breiteiförmig.

Quercus

Höhe: 20–30 m.
Blätter: gelappt, 7–10lappig, gleichmäßig, bis 18 cm lang, oberseits mattglänzend-dunkelgrün, unterseits stumpf-graugrün.
Früchte: Eicheln zu 2 bis 5, 2,0–2,5 cm lang.
Wurzelsystem: tief, weitstreichend.
Ansprüche: anspruchslos, bevorzugt tiefgründige, trockene Lehmböden, ○.
Eigenschaften: schnellwüchsig.
Verwendung: wie – coccinea.

Quercus palustris

Fagaceae
Sumpf-Eiche
2.3.2.2

Wuchs: Baum, Krone breit-kegelförmig, durchgehender Stamm, im Alter stark herabhängend, Äste im unteren Teil der Krone fast waagerecht abstehend.
Höhe: 15–20 m – standortbedingt.
Blätter: gelappt, 2–4lappig, tief-fiederspaltig, bis 10 cm lang, frischgrün; Herbstfärbung rot bis braun.
Früchte: Eicheln, halbkugelig, bis 12 mm, zahlreich.
Wurzelsystem: tief, kräftig, ausgebreitet.
Ansprüche: tiefgründig, feucht bis trokken, ○.
Verwendung: wie coccinea.

Quercus petraea

Fagaceae
Wintertrauben-Eiche (W)
4.2.2.1

Wuchs: G-Baum, Krone kegelförmig breit.
Höhe: 20–25 (–30) m.
Blatt: umgekehrt eiförmig, 8–12 cm.
Verwendung: Landschaftsgehölz, Forstgehölz, im Siedlungsbereich zur Einzelstellung.

Quercus robur

Fagaceae
Sommer-Eiche, Stiel-Eiche (W)
– (B) 4, 2, H –
3.1.4.1

Wuchs: G-Baum, locker-unregelmäßig, rundkronig, Stamm meist kurz.
Höhe: 30–35 (50) m.
Blätter: gelappt, länglich-eiförmig, oberseits tiefgrün, unterseits kahl graugrün; Herbstfärbung z. T. leuchtend gelb – braun.

Blüten: unauffällig.
Früchte: Eicheln, zu 1–3, an Stielen.
Wurzelsystem: Tief- bis Herzwurzler.
Ansprüche: tiefgründig, nährstoffreich, trocken-feucht, schwach sauer – alkalisch, ○ – ◑.
Eigenschaften: wärmeliebend, windfest, empfindlich gegen Grundwasserabsenkungen.
Verwendung: Landschaftsgehölz, Forstgehölz; im Siedlungsbereich vielseitig verwendbar.
Sorten: – – **'Fastigiata'**, *Pyramiden-Eiche, Säuleneiche,* Krone säulenartig, aufrecht, Höhe 15–20 m.

Quercus rubra
Fagaceae
Rot-Eiche
4.2.2.1

Wuchs: G-Baum, Krone rund, Stamm durchgehend.
Höhe: 20–25 (–30) m.
Blätter: gelappt, 4–6lappig, Lappen spitzgezähnt, oberseits dunkelgrün, unterseits gelblich-grün.
Früchte: Eicheln, eiförmig, bis 2,5 cm lang.
Wurzelsystem: Tief- und Flachwurzler, sehr weitstreichend.
Ansprüche: wie – robur, ○.
Eigenschaften: raschwüchsig, widerstandsfähig.
Verwendung: in der Landschaft als Forstgehölz, Pionierpflanze auf rohen Böden; im Siedlungsbereich in öffentlichen Grünanlagen, für Schutzpflanzungen, als Alleebaum und Straßenbaum.

Quercus x turneri 'Pseudoturneri'
Fagaceae
Wintergrüne Eiche
6.3.1.3

Wuchs: K-Baum, Krone breit bis oval.
Höhe: 5–10 m.
Blätter: wintergrün, gelappt, 4–6lappig, 6–12 cm lang, dunkelgrün-ledrig, bis zum neuen Laubaustrieb haftend.
Früchte: Eicheln eiförmig, 2 cm lang.
Wurzelsystem: Tief- und Breitwurzler.

Ansprüche: bevorzugt tiefgrundigen, nährstoffreichen Boden, schwach sauer bis alkalisch, ○.
Eigenschaften: wärmeliebend, vor austrocknenden Winden schützen.
Verwendung: im Siedlungsbereich als Ziergehölz zur Einzelstellung in Parks, auf Plätzen, auf Friedhöfen; im Garten als Hausbaum in geschützten Lagen oder sonnigen Innenhöfen.

Rhamnus catharticus

Rhamnaceae

Echter Kreuzdorn (W) – Ⓑ 4, 5, –
6.3.3.4

Wuchs: G-Strauch, auch K-Baum.
Höhe: 2–3 (6–8) m.
Blätter: breitoval, kräftig grün.
Verwendung: Landschaftsgehölz für Hekken, Schutzpflanzungen, -rekultivierung, Verkehrsbegleitgrün.

Rhamnus frangula

(Syn. Frangula alnus)

Rhamnaceae

Faulbaum, Pulverholz – (W)
– Ⓑ 2, 3, W
1.2.2.4

Wuchs: G-Strauch, selten K-Baum.
Höhe: 1,5–5 (–7) m.
Blätter: breit-elliptisch, wechselständig, dunkelgrün, unterseits glänzend.
Verwendung: Landschaftsgehölz, vielseitig auf feuchten bis nassen Standorten, sonst wie – carthaticus.

Rhododendron

siehe BdB-Handbuch II „Nadelgehölze und Rhododendron"

Rhus typhina

Anacardiaceae

Essig-Baum

5.3.2.4

Wuchs: K-Baum oder G-Strauch, meist mehrstämmig, sparrig verzweigt mit dachförmiger Krone.
Höhe: 4–6 (–10) m.
Blätter: gefiedert, unpaarig, bis zu 30 cm lang, Blättchen zu 11–31; Herbstfärbung gelb-orange-rot.
Blüten: Rispen, aufrecht, endständig, bis 20 cm lang, am einjährigen Holz, –VI/VII–.
Früchte: kolbenförmig, bis 15 cm lang, rot, langhaftend.
Wurzelsystem: Flachwurzler, sehr ausgebreitet, Ausläufer treibend.
Ansprüche: anspruchslos, ○ – ◑.
Eigenschaften: frosthart, hitzeresistent.
Verwendung: im Siedlungsbereich in Grünanlagen zur Einzelstellung und in Gruppen; im Garten als Hausbaum, zur Einzelstellung im Vorgarten, auf freien Rasenflächen (Blätter, Blüten, Früchte, Herbstfärbung).

Sorten: – **'Dissecta',** etwas langsamer und breiter wachsend als die Art, Höhe 3–4 m, Blätter feingeschlitzt.

Ribes *L.*
Grossulariaceae
Stachelbeergewächse

Übersicht:

A. *Zierformen*
(siehe Sortenbeschreibungen)
– **alpinum 'Schmidt',**
– **sanguineum 'Atrorubens',**
– **'King Edward VII',**
– **'Pulborough Scarlet',**

B. *Wildformen*
(siehe Bdb-Handbuch VIII „Wildgehölze")
– **alpinum ,**
Alpen-Johannisbeere
– **nigrum,**
Schwarze Johannisbeere
– **petraeum,**
Felsen-Johannisbeere
– **rubrum var. silvestre,**
Rote Wildjohannisbeere.
– **uva-crispa,**
Wilde Stachelbeere

Ribes alpinum 'Schmidt'
Grossulariaceae
Alpenbeere – Ⓑ 4, –, W
7.1.6.6

Wuchs: Strauch, straff aufrecht, dicht verzweigt.
Höhe: 1–2 m.
Blätter: gelappt, 3–5lappig, rundlich, frischgrün, langhaftend.
Blüten: in Trauben, aufrecht am mehrjährigen Holz, gelblich-grün, unauffällig, –IV/V–.
Früchte: Beeren, bis 5 mm Ø, glänzend dunkelrot.
Wurzelsystem: Herzwurzler.
Ansprüche: anspruchslos, mäßig trocken – frisch, schwachsauer – alkalisch, ◑ – ●.
Eigenschaften: schattenverträglich, verträgt Wurzelkonkurrenz gut, salzverträglich.
Verwendung: in der Landschaft für Unterwuchs, Schutzpflanzungen, an Böschungen und im Verkehrsbegleitgrün; im Siedlungsbereich zur Unterpflanzung, für Hecken in freier und geschnittener Form und im Straßenbegleitgrün.

Ribes sanguineum
Grossulariaceae
Blut-Johannisbeere – Ⓑ –, W
4.3.2.5
‹siehe Sorten›

Wuchs: Strauch, locker aufrecht, verzweigt.
Höhe: 1,5–2,0 m.
Blätter: gelappt, 3–5lappig, rundlich, oben dunkelgrün, unten weiß-filzig.
Blüten: in Trauben, bis 6 cm, am mehrjährigen Holz, dunkelrot, zahlreich, –IV/V–.
Früchte: Beeren, schwarz, blauweiß bereift, unauffällig.
Wurzelsystem: Flachwurzler.
Ansprüche: frisch, humos, ○ – ◑.
Eigenschaften: empfindlich gegen Trokkenheit, ungeeignet für schwere, kalte Böden.
Verwendung: im Siedlungsbereich einzeln und in Gruppen in öffentlichen Grünanlagen; im Garten als Blütenstrauch zur Einzelstellung, in Gemeinschaft mit anderen Blütensträuchern, als Zierstrauch-Hecke.
Sorten: – – **'Atrorubens',** wie o. Beschreibung.

– **'King Edward VII'**, etwas gedrungener und schwächer, Höhe bis 1,5 m, Blüten weinrot.
– **'Pulborough Scarlet'**, starkwüchsig, Höhe 2,0–2,5 m, Blüten tiefrot mit weißer Mitte, reichblühend.

Robinia 'Casque Rouge'

Fabaceae
Schein-Akazie
6.1.2.3

Wuchs: Baum, Krone locker, breit aufrecht.
Höhe: 3 (–5) m.
Blätter: gefiedert, bis 20 cm, dunkelgrün, im Austrieb bronzefarben.
Blüten: in Trauben, hängend, bis 20 cm lang, rosa-rot – lila, –V/VI–.
Wurzelsystem: wie – pseudoacacia.
Ansprüche: wie – pseudoacacia.
Eigenschaften: Triebe dornenlos, weniger brüchig als – pseudoacacia, winterhart.
Verwendung: im Siedlungsbereich zur Einzelstellung und in Gruppen in Grünanlagen, auf Plätzen und an Straßen, Blütenbaum.

Robinia hispida 'Macrophylla'

Fabaceae
Borsten-Akazie
6.1.2.5

Wuchs: Strauch, sparrig aufrecht, wenig verzweigt, Triebe mit roten Borsten besetzt.
Höhe: bis 3 m.
Blätter: gefiedert, bis 20 cm lang, Blättchen rundlich, tiefgrün.
Blüten: in Trauben, hängend, bis 15 cm am mehrjährigen Holz, Blüten zu 3–6, purpurrosa, –V/VI–.
Früchte: Fruchthülsen, 5–8 cm lang.
Wurzelsystem: Tief- und Flachwurzler, weitstreichend, unveredelt Ausläufer bildend.
Ansprüche: anspruchslos, neutral bis alkalisch, ○.
Eigenschaften: wärmeliebend.
Verwendung: im Hausgarten als Blütenstrauch an windgeschützten, warmen Plätzen.

Robinia pseudoacacia

Fabaceae
Robinie, Schein-Akazie – Ⓑ 1, 3, H
6.1.3.2

Wuchs: G-Baum, Krone locker, rundlich, im Alter schirmförmig, Stamm leicht ge-

dreht, häufig auch mehrstämmig.
Höhe: 20–25 m.
Blätter: gefiedert, 20–30 cm lang, Blättchen zu 9–19, elliptisch, oben sattgrün, unten graugrün.

Blüten: in Trauben, hängend, bis 20 cm lang, am mehrjährigen Holz, stark duftend.
Wurzelsystem: an der Basis tief, Einzelwurzeln weitstreichend, Wurzelbrut.
Ansprüche: trocken bis mäßig feucht, durchlässig, sauer bis alkalisch. ○.
Eigenschaften: frosthart, unempfindlich gegen Trockenheit und Hitze, ausgewachsen Neigung zu Windbruch, Wurzelausläufer.
Verwendung: in der Landschaft als Pioniergehölz auf extrem trockenen Sand-und Kiesböden, durch Wurzelausscheidung jedoch mit vielen Pflanzen unverträglich, als Bodenverbesserer (Stickstoffsammler) nützlich; im Siedlungsbereich (siehe Sorten) auch in Grünanlagen und Hausgärten.
Sorten:
– – **'Bessoniana',** Kegel-Robinie, G-Baum mit geschlossener, ovaler Krone (Veredelung), Höhe 20–25 m
– – **Frisia',** Gold-Robinie, K-Baum, Höhe 9 (–12) m, Blätter ganzjährig leuchtend gelb.
– – **'Pyramidalis',** Säulen-Robinie, Baum, Krone straff säulenförmig, (wie Pyramidenpappel)
– – **'Tortuosa',** Korkenzieher-Robinie, K-Baum, Äste bizarr gekrümmt, Triebe korkenzieherartig gedreht, Höhe 8–10 m.

– – **'Frisia'**

– – **'Umbraculifera',** Kugel-Robinie, K-Baum, Krone kugelrund, dicht, Höhe 4 (–6) m.
– – **'Unifolia',** Baum, Krone schmal, locker-unregelmäßig, Höhe 10–15 m, große ungeteilte Blätter.

Rosa

Rosa multiflora

Rosa nitida

Rosa rubiginosa

Rosa rugosa

Übersicht

Rosa – Rosaceae – *Wildrosen*

Art	deutscher Name	Farbe	Höhe in m
– canina	*Hunds-Rose (W)*	rosa	– 3
– carolina	*Sand-Rose*	rosa	– 1
– glauca	*Rotblättrige Rose (W)*	rosa	– 3
– moyesii	*Rote Büschel-Rose*	rot	2 – 3
– multiflora	*Vielblütige Rose*	weiß	– 2,5
– nitida	*Glanz-Rose*	rosa	– 0,7
– pimpinellifolia	*Bibernell-Rose (W)*	weiß	– 1
– rubiginosa	*Wein-Rose (W)*	rosa	– 2(–3)
– rugosa,	*Kartoffel-Rose*	rot	1 – 2
– rugosa 'Alba'	*weiße Kartoffel-Rose*	weiß	1–2
– x rugotida	*Böschungsrose*	rosa	– 1

Die Übersicht enthält das z. Z. handelsübliche Sortiment. Ausführliche Informationen zum Produktbereich Rosen entnehmen Sie bitte dem BdB-Handbuch IV „Rosen", dem BdB-Handbuch IX „Rosen – Eigenschaften und Verwendungsbereiche" und zum Thema heimische Wildrosen dem BdB-Handbuch VIII „Wildgehölze".

Rosa canina

Rosa pimpinellifolia

Rubus

Rubus fruticosus
Rosaceae
Brombeere – (W)
9.2.5.9
Siehe BdB-Handbuch VIII 'Wildgehölze'

Rubus idaeus
Rosaceae
Himbeere
3.3.6.5
Siehe BdB-Handbuch VIII 'Wildgehölze'

Rubus odoratus
Rosaceae
Zimt-Himbeere, wohlriechender Himbeerstrauch
2.3.6.5

Wuchs: Strauch, aufrecht, wenig verzweigt.
Höhe: 1,5–2,0 m.
Blätter: gelappt, 3–5lappig, handförmig, bis 25 cm breit, auffallend.
Blüten: Rispen, kurz, vielblumig, purpurn, duftend, –VI/VII–.
Früchte: halbkugelig, rot.
Wurzelsystem: Flachwurzler, Ausläufer treibend.
Ansprüche: humos, frisch-feucht, ◑ – ●.
Verwendung: im Siedlungsbereich zur Unterpflanzung großer Bäume.

Rubus tricolor
Rosaceae
Chinesische Brombeere
6.2.4.6

Wuchs: Z-Strauch, dichttriebig, flach-niederliegend.
Blätter: einfach, eirundlich, 6–10 cm lang, oberseits glänzend-dunkelgrün, unterseits weiß-filzig.
Blüten: in Trauben, bis 2,5 cm breit, zu 3–4 weiß.
Früchte: kugelig, bis 1,5 cm Ø, hellrot.
Wurzelsystem: oberflächennah, kriechende Triebe.
Ansprüche: normale, kultivierte Böden, ○ – ◑.
Eigenschaften: bedingt frosthart, raschwüchsig.
Verwendung: im Siedlungsbereich in Grünanlagen als Bodendecker in schattigen Gehölzpartien.

Salix alba 'Tristis Resistenta'

Salix repens

Salix purpurea 'Nana'

Salix rosmarinifolia

Salix

Kätzchen vor dem Laubaustrieb – Salix aurita

in Formen vielgestaltig und variabel – Salix repens

Pioniergehölz, Landschaftsgehölz, Ziergehölz – Salix caprea

landschaftsprägend – Salix viminalis, die Kopfweide

Übersicht

Salix – Salicaceae – *Weide*

Die Gattung umfaßt rund 300 Arten sommergrüner Sträucher und Bäume der nördlichen Halbkugel. Die ausgeprägte Neigung zum Bastardieren führte zu vielgestaltigen und veränderlichen Formen.

		Höhe in m
– alba,	*Silber-Weide – (W) –* Ⓑ 1, 1,	8–20
– – 'Liempde',	*männlicher Klon, kegelförmig*	30–40
– – 'Tristis Resistenta',	*Hänge-Weide*	15–20
– aurita,	*Ohr-Weide – (W) –* Ⓑ 1, 1, W,	0,5–2
– balsamifera,	*Stein-Weide*	1–2
– caprea,	*Sal-Weide – (W) –* Ⓑ 1, 1,	3–7
– – mas,	*Veredelte Sal-Weide*	*3*
– – 'Pendula',	*Hängende Kätzchen-Weide*	1,5
– – 'Silberglanz',	*Sal-Weide 'Silberglanz'*	2–3
– cinerea,	*Grau-Weide – (W) –* Ⓑ 1, 1, W,	2–5
– daphnoides,	*Reif-Weide – (W) –* Ⓑ 1, 1,	3–10
– elaeagnos,	*Lavendel-Weide – (W) –* Ⓑ –, –, W,	2–6
– fragilis,	*Bruch-Weide – (W) –* Ⓑ 3, 3,	5–15
– x grahamii,	*Kriech Weide*	0,2–0,5
– hastata,	*Spieß-Weide – (W)*	0,5–1,5
– – 'Wehrhahnii',	*Engadin Weide*	1,5
– helvetica,	*Schweizer Weide*	0,5
– lanata,	*Woll-Weide*	0,8
– matsudana 'Tortuosa',	*Korkenzieher-Weide*	–10
– purpurea,	*Purpur-Weide – (W) –* Ⓑ –, –, W,	2–6
– – 'Nana',	*– Zwergform*	–1,5
– – 'Pendula',	*– Hängeform*	–0,5
– repens,	*Kriech-Weide – (W)*	0,3–1
– rosmarinifolia,	*Rosmarin-Weide – (W)*	0,2–1
– x smithiana,	*Kübler-Weide*	4–6
– triandra,	*Mandel-Weide – (W) –* Ⓑ –, –, W,	2–4
– viminalis,	*Korb-Weide – (W) –* Ⓑ –, –, W,	2–10

Hinweis: die mit – (W) gekennzeichneten Arten sind im BdB-Handbuch VIII „Wildgehölze" beschrieben und abgebildet.

Sambucus

Sambucus canadensis 'Maxima'
Caprifoliaceae
Kanadischer Holunder
3.1.6.4

Wuchs: G-Strauch, aufrecht, sparrig verzweigt.
Höhe: 3–4 m.
Blätter: gefiedert, bis 25 cm, hellgrün.
Blüten: weiß-creme, streng duftend, –V–.
Früchte: in Dolden, dunkelrot, eßbar.
Wurzelsystem: Flachwurzler, fleischige Wurzeln, Schossen bildend.
Ansprüche: frische, gut versorgte Böden.
Verwendung: Landschaftsgehölz.

Sambucus nigra
Caprifoliaceae
Schwarzer Holunder, Fliederbeere (W) – (B) 4, 2
3.1.6.4

Wuchs: G-Strauch, auch K-Baum, meist rundkronig.
Höhe: 2–7 m.
Blätter: gefiedert, meist zu 5, unpaarig, klein.
Verwendung: Landschaftsgehölz; als Obstgehölz siehe BdB-Handbuch VI „Obstgehölze".

Sambucus racemosa
Caprifoliaceae
Trauben-Holunder, Roter Holunder (W)
7.2.3.4

Wuchs: G-Strauch, aufrecht, breitwüchsig.
Höhe: 1–4 m.
Blätter: gefiedert, zu 5(–7), gegenständig.
Verwendung: Landschaftsgehölz, in Sorten auch Ziergehölz.

Sinarundinaria murielae
(Syn. Fargesia murielae)
Poaceae
Winterharter Bambus
3.2.7.5

Wuchs: Strauch, straff aufrecht, dichttriebig, horstartig, im Alter überhängend.
Höhe: 2,5–3,5 m und meist viel breiter.
Blätter: immergrün, lanzettlich, bis 12 cm lang, hellgrün.

Wurzelsystem: flach und tief, dicht verzweigt.
Ansprüche: kultivierte, nahrhafte Böden, frisch–feucht, ○ – ◑.
Eigenschaften: in der Jugend bedingt frosthart (Winterschutz), bevorzugt feuchte Böden und hohe Luftfeuchtigkeit.
Verwendung: bedingt durch die weltweite Blüte zur Zeit keine ausdauernde Pflanzung der Art zu gewährleisten, da die Blüte zum Absterben der Pflanze führt. (Stand 1996).

Skimmia japonica 'Foremanii'
Rutaceae
Blüten-Skimmie
9.2.5.6

Wuchs: Z-Strauch, halbkugelig bis breitbuschig, dicht geschlossen.
Höhe: 0,3–0,5 m.
Blätter: immergrün, lanzettlich, bis 10 cm lang, oberseits gelblich-grün, unterseits gelblich.
Blüten: in Rispen, endständig, bis 10 cm lang, weiß-rosa, –IV/V–.
Früchte: kugelig, scharlachrot, ab IX, langhaftend.
Wurzelsystem: flach, filzig.
Ansprüche: humos, nährstoffreich, frisch – feucht, ○ – ◑.
Verwendung: im Siedlungsbereich als Gruppengehölz zur Flächenbegrünung, als Unterwuchs; im Hausgarten als Zierstrauch (immergrün, Fruchtschmuck) in Gemeinschaft mit anderen Immergrünen, zur Winterbepflanzung von Balkonkästen und Schalen.

Skimmia japonica
Rutaceae
Frucht-Skimmie
7.2.5.6

Wuchs: K-Strauch, breitbuschig – kompakt.
Höhe: 0,6–1 m.
Blätter: immergrün, elliptisch, bis 12 cm lang, oben glänzend-grün, unten gelblich-grün.
Blüten: in Rispen, aufrecht, bis 8 cm lang, gelblich-weiß, –V–.
Früchte: flachkugelig, hochrot, bis 1 cm Ø, ab IX, langhaftend, zahlreich.

Wurzelsystem: wie – x foremannii.
Ansprüche: wie – x foremannii.
Verwendung: wie – x foremannii.

Sophora japonica
Fabaceae
Schnurbaum
6.1.2.2

Wuchs: Baum, rundkronig, im Alter breit ausladend.
Höhe: bis 20 m.
Blätter: gefiedert, bis 25 cm lang, zu 7–17, glänzend grün; Herbstfärbung leuchtend gelb.
Blüten: in Rispen, bis 25 cm lang, gelblichweiß, duftend, –VIII–.
Früchte: Hülsen, rundwandig, bis 8 cm.
Wurzelsystem: Herzwurzler, fleischig, ausgebreitet.
Ansprüche: anspruchslos, ○.
Eigenschaften: als junge Pflanze frostgefährdet, trockenresistent.
Verwendung: im Siedlungsbereich in Grünanlagen einzeln und in Gruppen als Blütenbaum, an Straßen und auf Plätzen.

Sorbaria sorbifolia
Rosaceae
Fiederspiere
3.3.5.5

Wuchs: Strauch, steif aufrecht, wenig verzweigt.
Höhe: (1–) 1,5–2 (–3) m – standortabhängig.
Blätter: gefiedert, bis 25 cm, zu 13–23, im Austrieb rot, später hellgrün.
Blüten: Rispen, aufrecht, bis 20 cm lang, weiß, –VI/VII–.
Wurzelsystem: Flachwurzler, feinverzweigt, Ausläufer bildend.
Ansprüche: sehr anspruchslos, ○ – ◑.
Eigenschaften: trockenresistent, auch auf mageren Böden, Ausläufer bildend.
Verwendung: in der Landschaft als Pioniergehölz auf rohen Böden, Böschungen, Halden; im Siedlungsbereich als Deckstrauch, für Gebüschgruppen und an Gehölzrändern zum Verwildern.

Übersicht

Sorbus – Rosaceae – *Eberesche, Mehlbeere*

		Höhe in m
– americana,	*Amerikanische Eberesche*	7–9
– aria,	*Mehlbeere*	8–12 (15)
– aucuparia,	*Eberesche, Vogelbeerbaum*	5–10 (15)
– – 'Edulis', (Syn.– – var. moravica)	*Mährische Eberesche*	8–15
– domestica,	*Speierling*	10–15 (20)
– intermedia,	*Schwedische Mehlbeere*	10–18
– serotina,	*Späte Eberesche*	10–18
– x thuringiaca,	*Thüringische Säulen-Eberesche*	8–10
– torminalis,	*Elsbeere*	8–15 (22)
– vilmorinii,	*China-Eberesche*	3–6

Sorbus americana

Rosaceae

Amerikanische Eberesche

7.2.3.3

Wuchs: K-Baum oder G-Strauch, oft mehrstämmig.
Höhe: 7–9 m.
Blätter: gefiedert, bis 25 cm lang, zu 11–17, derb-dunkelgrün; Herbstfärbung goldgelb.
Blüten: Doldenrispen, rahmweiß, unbedeutend, –V/VI–.
Früchte: kugelig, bis 5 mm Ø, scharlachrot, ab IX.
Wurzelsystem: Flach- und Tiefwurzler.
Ansprüche: anspruchslos, ausreichend feucht, ○.
Eigenschaften: schwachwüchsig.
Verwendung: im Siedlungsbereich zur Einzelstellung und in Gruppen (Fruchtschmuck); im Garten als Hausbaum.

Sorbus aria

Rosaceae

Mehlbeere (W) – ⟨B⟩ 4, 5

6.3.3.3

Wuchs: K-Baum, Krone breit, kegelförmig oder breit-rund, Stamm kurz, oft vielstämmig.
Höhe: (5) 8–12 (–15) m.
Blätter: elliptisch, 8–12 cm lang, dunkelgrün-glänzend, unterseits weißfilzig; Herbstfärbung gelb oder orange-braun.
Blüten: Trugdolden, groß, weiß, –V/VI–.
Früchte: kugelig, orange-scharlachrot, ab IX.
Wurzelsystem: extremer Tiefwurzler.
Ansprüche: trocken – frisch, durchlässig, ○ – ◑.

Eigenschaften: sehr langsam wüchsig, trockenresistent.
Sorten: – – **'Lutescens',** Wuchs breit-kegelförmig, bis 12 m hoch, Blätter mehr stumpf bis grau-grün, Frucht orangerot.
– – **'Magnifica',** Baum oder G-Strauch, Krone locker, kegelförmig, 6–12 m, Frucht rot.

Sorbus aucuparia
Rosaceae
Eberesche, Vogelbeerbaum – (W)
– (B) 2, 2 –
7.1.3.3

Wuchs: K-Baum, oft auch strauchförmig, Krone eiförmig bis breit-rundkronig, locker aufgebaut.
Höhe: 5–10 (15) m.
Blätter: gefiedert, bis zu 20 cm lang, zu 9–15, oberseits dunkelgrün, unterseits blaugrün; Herbstfärbung gelb-orange bis rot.
Blüten: in Trugdolden, 15 cm breit, zu vielen, weiß-cremeweiß, –V/VI–.
Früchte: Beeren, erbsengroß, rot, ab VIII.
Wurzelsystem: Flachwurzler, weitstreichend.
Ansprüche: anspruchslos, ○ – ◑.
Eigenschaften: schnellwüchsig, kurzlebig.
Verwendung: in der Landschaft als Pioniergehölz, bodenvag (d. h. auf allen Substraten), in Misch- und Schutzpflanzungen, Hecken und Knicks, als Dorf- und Hofbaum; im Siedlungsbereich einzeln und in Gruppen in öffentlichen Grünanlagen, an Straßen und auf Plätzen, als Hausbaum (Fruchtschmuck).

Sorten: – – **'Edulis,** (Syn. – var. moravica), *Mährische Eberesche,* Krone gestreckt eiförmig, sehr licht, Früchte über 1 cm groß, orange-rot.
– – **'Fastigiata',** K-Baum, Krone kegelförmig, 7–10 m, Frucht leuchtend dunkelrot.
Fruchtsorten: – – **'Konzentra',**
– – **'Rosina',**
siehe BdB-Handbuch VI „Obstgehölze".

Sorbus domestica

Rosaceae

Speierling – (W)

6.1.2.2

Wuchs: Baum, Krone rund, breit ausladend.
Höhe: 10–15 m.
Blätter: gefiedert, zu 15–17, oberseits stumpfgrün, unterseits bläulich-grün.
Verwendung: Landschaftsgehölz, Fruchtbaum.

Sorbus intermedia

Rosaceae

Schwedische Mehlbeere (W)

3.1.3.3

Wuchs: K-Baum bis Baum, Krone eiförmig, dicht.
Höhe: 10–18 m.
Blätter: eirund, bis 10 cm lang, oberseits etwas glänzend dunkelgrün, unterseits filzig grau-grün.
Blüten: in Trugdolde 8–10 cm breit, –V/VI–.
Früchte: eiförmig, 1–3 cm dick, orange bis scharlachrot, ab IX.
Wurzelsystem: Herzwurzler.
Ansprüche: anspruchslos, ○ – ◑.
Verwendung: wie – aucuparia.
Sorten: – – **'Brouwers',** Krone mehr kegelförmig mit durchgehendem Stamm, Höhe bis 10 cm, Frucht hellrot.

Sorbus serotina

Rosaceae

Späte Eberesche

7.3.3.3

Wuchs: G-Strauch oder K-Baum, oft mehrstämmig, Krone pyramidal, ausgewachsen breit ausladend.
Höhe: 6–8 m.
Blätter: gefiedert, bis 5 cm lang, oberseits glänzend dunkelgrün, unterseits weißlichgrau; Herbstfärbung lebhaft scharlachrot, langhaftend.
Früchte: kugelig, kaum erbsengroß, korallenrot, ab IX.
Verwendung: wie – aucuparia.

Sorbus x thuringiaca 'Fastigiata'

Rosaceae

Thüringische Säulen-Eberesche

6.3.3.3

Wuchs: K-Baum, kegelförmig, dicht geschlossen.

Höhe: 8–10 m.
Blätter: gefiedert, zu 10–17, dunkelgrün.
Blüten: Trugdolden, weiß, –V–.
Früchte: wie – aucuparia.
Verwendung: im Siedlungsbereich als Straßenbaum; im Garten als Hausbaum (Fruchtschmuck).

Sorbus torminalis

Rosaceae
Elsbeere – (W)
6.1.2.2

Wuchs: Baum, auch strauchartig.
Höhe: 8–15 (22) m.
Blätter: gelappt, 3–5lappig, 5–10 cm lang, oberseits glänzend dunkelgrün, unterseits blaugrün.
Verwendung: wie – aucuparia.

Sorbus vilmorinii

Rosaceae
China-Eberesche
Strauch-Eberesche
7.1.2.4

Wuchs: G-Strauch oder K-Baum, strauchartig, mit leicht bogig überhängenden Zweigen.
Höhe: 3–6 m.
Blätter: gefiedert, bis 15 cm lang, zu 19–25, oberseits dunkelgrün, unten weißlich behaart – graugrün.
Blüten: Doldentrauben, bis 10 cm breit, weißlich, unbedeutend, –V–.
Früchte: Beeren, kugelig, bis 8 mm Ø, anfangs rot, später hellrosa, zahlreich und auffallend.
Wurzelsystem: Flachwurzler.
Ansprüche: frisch – feucht, schwach sauer bis sauer, durchlässig, ○ – ◑.
Eigenschaften: schwachwachsend.
Verwendung: im Siedlungsbereich als Ziergehölz, im Hausgarten im Einzelstand, in Innenhöfen.

Übersicht

Spiraea – Rosaceae – *Spierstrauch*

	Blüte	Höhe
– x arguta,	weiß	–2,0 m
– x billardii 'Triumphans',	rosa	–2,5 m
– x bumalda 'Anthony Waterer',	karminrot	–1,0 m
– x bumalda 'Froebelii',	purpurot	1,5 m
– x cinerea 'Grefsheim',	weiß	–2,0 m
– decumbens,	weiß	0,3 m
– japonica 'Albiflora',	weiß	0,6 m
– japonica 'Little Princess',	zartrosa	–0,6 m
– nipponica,	weiß	1,5–2,5 m
– prunifolia,	weiß	–2,0 m
– thunbergii,	weiß	–1,0 m
– x vanhouttei,	weiß	–2,5 m

Spiraea x arguta

Rosaceae
Braut-Spiere, Schnee-Spiere
9.2.2.5

Wuchs: Strauch, aufrecht, zierlich, überhängende Triebe.
Höhe: bis 2 m und meist breiter.
Blätter: länglich-eiförmig, bis 4 cm, lebhaft grün.
Blüten: in Doldentrauben, kurz gestielt entlang dem vorjährigen Holz, weiß, sehr zahlreich.
Wurzelsystem: Flachwurzler.
Ansprüche: anspruchslos, ○ – ◑.
Verwendung: im Siedlungsbereich als Deckstrauch, für Gruppen und freiwachsende Hecken; im Garten als Zierstrauch (Frühjahrsblüher), für freiwachsende oder geschnittene Hecken.

Spiraea x billardii 'Triumphans'

(Syn. – x menziesii 'Triumphans')
Rosaceae
Kolben-Spiere
9.2.4.5

Wuchs: Strauch, aufrecht.
Höhe: bis 2,5 m.
Blätter: eiförmig, grün.
Blüte: Rispen, purpurrosa, VII–IX.
Verwendung: wie – x arguta.

Spiraea

Spiraea x bumalda 'Anthony Waterer'

Rosaceae

Rote Sommer-Spiere

9.3.3.5

Wuchs: K-Strauch, steif aufrechte Triebe, rundlich.
Höhe: bis 1,0 m.
Blätter: lanzettlich-spitz, im Austrieb rot, dann grün.
Blüten: Trugdolden, aufrecht, bis 15 cm Ø, endständig am einjährigen Holz, karminrot, zahlreich.
Wurzelsystem: Flachwurzler.
Ansprüche: anspruchslos, ○ – ◑.
Verwendung: im Siedlungsbereich für flächige Pflanzungen, Einfassungen; im Garten für niedrige Blütenhecken und als anspruchsloser, kleinbleibender Blütenstrauch.
Sorten: – x bumalda 'Froebelii', Wuchs vergleichbar wie vor, Blüten dunkel-purpurrot, in großen, verzweigten Dolden, –VII/IX–.

Spiraea x cinerea 'Grefsheim'

Rosaceae

Weiße Rispen-Spiere

9.2.3.5

Wuchs: Strauch, dichtbuschig, Zweige überhängend.

Höhe: 1,5–2,0 m.
Blätter: lanzettlich, bis 2,5 cm lang, stumpfgrün bis grau-grün, zierlich.
Blüten: in Doldentrauben, bis 60 cm lang, schneeweiß, auffallend, –IV–.
Wurzelsystem: Flachwurzler.
Ansprüche: wie – arguta.
Verwendung: wie – arguta.

Spiraea decumbens

Rosaceae

Weiße Polster-Spiere

6.3.3.7

Wuchs: Z-Strauch, dünne, dichtstehende Triebe, anfangs aufrecht, später überhängend-niederliegend.
Höhe: 0,25–0,30 m und meist breiter.
Blätter: elliptisch, bis 3 cm lang, hellgrün.
Blüten: in Doldentrauben, 3–5 cm breit, flach, weiß, zahlreich.
Wurzelsystem: Flachwurzler, fein verzweigt.
Ansprüche: normale, frische bis feuchte und mäßig nährstoffreiche Böden.
Eigenschaften: zahlreiche unterirdische Ausläufer, durch jährlichen Rückschnitt Teppichbildung.
Verwendung: im Siedlungsbereich als Bodendecker an Böschungen und zur Unterpflanzung; im Garten als Bodendecker, in Steingärten.

Spiraea japonica 'Albiflora'
(Syn. – albiflora)
Rosaceae
Weißblütiger Spierstrauch
9.3.2.6

Wuchs: Z-Strauch, aufrecht wachsend.
Höhe: 0,3–0,6 m.
Blätter: lanzettlich, 6–7 cm, hellgrün.
Blüten: in Doldentrauben, weiß, –VI/IX–.
Wurzelsystem: Flachwurzler.
Ansprüche: kultivierte Böden.
Verwendung: Gruppengehölz, Flächenbegrünung, niedrige Hecken.

Spiraea japonica 'Little Princess'
Rosaceae
Rosa Zwerg-Spiere
9.3.3.7

Wuchs: Z-Strauch, fein- und vieltriebig, gedrungen.
Höhe: bis 0,6 m.
Blätter: eilanzettlich, 1–3 cm, frischgrün.
Blüten: in Trugdolden, aufrecht, 5–6 cm Ø, zartrosa, endständig am einjährigen Holz, sehr zahlreich.
Wurzelsystem: Flachwurzler.
Ansprüche: anspruchslos. ○.
Verwendung: im Siedlungsbereich zur Flächenbegrünung, im Straßenbegleitgrün; im Garten in Gruppen an Böschungen und Terrassen, in Steingärten, auf Dachgärten.

Spiraea nipponica
Rosaceae
Japanische Strauch-Spiere
3.3.3.5

Wuchs: Strauch, Grundtriebe straff aufrecht, an der Spitze überhängend.
Höhe: 1,5–2,5 (3) m.
Blätter: elliptisch-eiförmig, 3–5 cm lang, dunkelgrün, unterseits blau-grün.
Blüten: in Doldentrauben, dicht, flach – kugelig, entlang den vorjährigen Zweigen, rahmweiß, sehr reichblühend und auffallend.
Wurzelsystem: Flachwurzler, dicht verzweigt.
Ansprüche: wie – arguta.
Verwendung: wie – arguta.

Sorten: – – **'Snowmound',** kompakter Wuchs, große Blätter, sehr reich blühend.

Spiraea prunifolia
Rosaceae
Gefülltblühende Strauch-Spiere
6.2.2.6

Wuchs: Strauch, aufrecht, Seitentriebe dünn und lang überhängend.
Höhe: bis 2 m.
Blätter: länglich, bis 4 cm, glänzend dunkelgrün, unterseits grau behaart; Herbstfärbung orange.
Blüten: in Doldentrauben, bis 5 cm Ø, weiß, –V/VI–.
Wurzelsystem: Flachwurzler.
Ansprüche: wie – arguta.
Verwendung: wie – arguta.

Spiraea thunbergii
Rosaceae
Feinlaubige Strauch-Spiere
6.2.1.6

Wuchs: K-Strauch, locker-aufrecht, Seitentriebe überhängend.
Höhe: –1,0 m.
Blätter: lanzettlich, bis 3 cm, hellgrün; Herbstfärbung orange-gelb.
Blüten: in Dolden, bis 4 cm Ø, reinweiß, am mehrjährigen Holz, –V/VI–.
Wurzelsystem: Flachwurzler.
Ansprüche: wie – arguta.
Verwendung: wie – arguta.

Spiraea x vanhouttei
Rosaceae
Pracht-Spiere
9.3.4.5

Wuchs: Strauch, vieltriebig mit weitbogig überhängenden Trieben.
Höhe: 2,0–2,5 m.
Blätter: gelappt, 3–5lappig, eiförmig, oberseits dunkelgrün, unterseits bläulichgrün.

Blüten: in Doldentrauben, halbrund – gewölbt und sehr vielblütig, weiß am vorjährigen Holz, –V/VI–.
Wurzelsystem: Flachwurzler.
Ansprüche: wie – arguta.
Verwendung: wie – arguta.

Stephanandra incisa 'Crispa'
Rosaceae
Kranz-Spiere
9.2.6.7

Wuchs: K-Strauch, breitwachsend, Triebe überhängend bis kriechend.

Höhe: 0,5–0,8 m und bis 1,5 m breit.
Blätter: gelappt, 3lappig.
Blüten: Rispen, bis 6 cm lang, grünlichweiß, –VI–.
Wurzelsystem: Feinwurzler, dicht verzweigt.
Ansprüche: anspruchslos, bevorzugt frische, nahrhafte Böden, sauer bis neutral, ○ – ◑.
Eigenschaften: empfindlich gegen Hitze und Trockenheit, kalkmeidend.
Verwendung: im Siedlungsbereich als Bodendecker, an absonnigen Böschungen, im Straßenbegleitgrün in Seitenstreifen und Restflächen.

Stranvaesia davidiana
Rosaceae
Funkenblatt
6.4.2.4

Wuchs: Strauch, locker verzweigt, sparrig.
Höhe: bis 2 (–3) m.
Blätter: wintergrün, lanzettlich bis 12 cm, glänzend grün; im Herbst scharlachrot.
Blüten: Doldentrauben, flach, bis 8 cm Ø, weiß, duftend, –VI–.
Früchte: Beeren, erbsengroß, rot, ab IX.
Wurzelsystem: Flachwurzler, breiter ausladend.
Ansprüche: frische Böden, sauer bis neutral, ○ – ◑.
Eigenschaften: stark feuerbrandgefährdet, nur in Einzelstellung auf abgesonderten Standorten.

Symphoricarpos albus var. laevigatus
(Syn. – racemosus)
Caprifoliaceae
Gemeine Schneebeere
3.3.6.5

Wuchs: Strauch, straff aufrecht, vieltriebig.
Höhe: 2–3 m.
Blätter: rundlich bis eiförmig-elliptisch, 4–6 cm lang, grün, unterseits kahl.
Blüten: in Trauben, kurz, krugförmig, klein, rötlich-weiß, –VI/IX–.
Früchte: kugelig bis eiförmig, 1,0–1,5 cm Ø, weiß, auffallend.
Wurzelsystem: Flachwurzler, stark Ausläufer treibend.
Ansprüche: anspruchslos, ○ – ◑.
Eigenschaften: frosthart, schattenverträglich, Giftgehölz.
Verwendung: in der Landschaft und im Siedlungsbereich als Deckstrauch, im Verkehrsbegleitgrün, für Hecken; kaum Gartenwert.

Sorten: – **albus 'White Hedge',** 1,0–1,5 m, Blüte weiß, –VI/VII– Früchte weiß in aufrechten Trauben, 13 mm Ø, sonst wie – 'Hancock'.

Symphoricarpos x chenaultii

Caprifoliaceae

Purpurbeere

9.3.4.5

Wuchs: Strauch: dichtbuschig, locker verzweigt.
Höhe: 1,5–2,0 m.
Blätter: eiförmig, 1–2 cm lang, oberseits dunkelgrün, unterseits bläulich fein behaart.
Blüten: in Ähren, klein, krugförmig, rosa, –VI/VIII–.
Früchte: rundlich, bis 1 cm Ø, in dichten Büscheln, lichtseitig rot, schattenseitig weißlich mit roten Punkten, ab IX, giftig.
Wurzelsystem: Flachwurzler, dicht, Ausläufer bildend.
Ansprüche: anspruchslos, ○ – ◑.
Eigenschaften: Giftgehölz, extrem schattenverträglich.
Verwendung: in der Landschaft als Deckstrauch, auch für schattige Lagen; im Siedlungsbereich als Deckstrauch und für Hecken, nicht an Kinderspielplätzen und Schulen.

Symphoricarpos x chenaultii 'Hancock'

Caprifoliaceae

Niedrige Purpurbeere

9.3.4.6

Wuchs: Z-Strauch, breitwachsend, Triebe dicht verzweigt, waagerecht ausgebreitet bis niederliegend.
Höhe: –0,8 m.
Blätter: rundlich-eiförmig, 1–2 cm lang, dunkelgrün.
Blüten: unscheinbar, –VI/VII–.
Früchte: giftig.
Wurzelsystem: wie die Art.

Ansprüche: wie die Art.
Verwendung: im Siedlungsbereich zur Flächenbegrünung, an Böschungen, im Verkehrsbegleitgrün.
Hinweis: – **x doorenbosii 'Magic Berry',** Früchte lila-rot, sonst wie – 'Hancock'.

Symphoricarpos orbiculatus

Caprifoliaceae

Korallenbeere

2.5.4.5

Wuchs: straff aufrecht, im Alter dicht mit locker überhängenden Zweigen.
Höhe: –2 m.
Blätter: eirund, 2–4 cm lang, stumpfgrün; Herbstfärbung rötlich.
Blüten: in Büscheln, glockig, 4 mm lang, blaßrosa, –VII/VIII–.
Früchte: Beeren, kugelig, in dicken Büscheln, 4–6 mm Ø, purpurrot, zahlreich, auffallend, giftig.
Wurzelsystem: wie – chenaultii.
Ansprüche: wie – chenaultii.
Verwendung: wie – chenaultii.

Syringa x chinensis
Oleaceae
Chinesischer Flieder
9.3.3.4

Wuchs: G-Strauch, aufrecht, locker, Triebe überhängend.
Höhe: 3–5 m.
Blätter: lanzettförmig, zugespitzt, 4–8 cm lang.
Blüten: in Rispen, bis 30 cm, lila, –V/VI–.
Wurzelsystem: Flachwurzler, hoher Feinwurzelanteil.
Ansprüche: durchlässig, schwach sauer bis stark alkalisch, ○.
Verwendung: im Siedlungsbereich im Einzelstand und in Gruppen in öffentlichen Grünanlagen; im Garten als Zierstrauch (Blüten).
Sorten: – – **'Saugeana',** Blüten tief lila-rot, Höhe 2–3 m.

Syringa josikaea
Oleaceae
Ungarischer Flieder
3.2.2.4

Wuchs: G-Strauch, straff aufrecht, dichtbuschig.

Höhe: 3–4 m.
Blätter: breit-elliptisch, 6–12 cm lang.
Blüten: in Rispen, bis 20 cm, dunkel-violettblau, duftend, –VI–.
Wurzelsystem: Flachwurzler.
Ansprüche: durchlässig, sauer bis schwach alkalisch, ○ – ◑.
Verwendung: wie – chinensis.

Syringa microphylla 'Superba'
Oleaceae
Herbst-Flieder
7.1.3.6

Syringa

Wuchs: K-Strauch, aufrecht, breitbuschig, Triebe überhängend.
Höhe: 1,0–1,5 m.
Blätter: elliptisch – rundlich, bis 4 cm, oberseits dunkelgrün, unterseits graugrün.
Blüten: in Rispen, bis 7 cm, rosarot, duftend, –V/X–.
Wurzelsystem: Flachwurzler, Feinwurzler.
Ansprüche: durchlässig, schwach sauer bis stark alkalisch, ○.
Verwendung: wie – chinensis.

Syringa reflexa

Oleaceae
Bogen-Flieder
7.2.2.4

Wuchs: G-Strauch, breit aufrecht, bogig überhängende Seitentriebe.
Höhe: 2–4 m.
Blätter: länglich eiförmig, bis 15 cm, oben dunkelgrün, unten grau-grün.
Blüten: in Rispen, seitlich überhängend, bis 15 cm, außen weinrot bis dunkelrosa, innen heller, duftend, –V/VI–.
Wurzelsystem: Flachwurzler.
Ansprüche: wie – josikaea.
Eigenschaften: wie – josikaea.
Verwendung: wie – josikaea.

Syringa x swegiflexa

Oleaceae
Perlen-Flieder
9.2.2.4

Wuchs: Strauch, aufrecht, dicht, bogig überhängend.
Höhe: bis 3 m.
Blüten: in Rispen, langgestreckt bis 30 cm im Aufblühen dunkelrot, später aufhellend nach rosa, duftend, VI.
sonst wie – reflexa.

Syringa vulgaris

Oleaceae
Wild-Flieder – Ⓑ –, 4,
6.3.3.5

Wuchs: G-Strauch oder K-Baum, aufrecht, unregelmäßig verzweigt, dicht.
Höhe: 4–6 m.
Blätter: breit-eiförmig – herzförmig, zugespitzt, 5–12 cm lang, frischgrün.
Blüten: in Rispen, 10–20 cm lang, blauviolett, zahlreich.
Wurzelsystem: Flachwurzler, stark Ausläufer treibend.
Ansprüche: nährstoffreiche, gut durchlässige Böden, schwach sauer bis stark alkalisch, ○.
Eigenschaften: durch Ausläufer Gestrüpp bildend, trockenheitsverträglich, kalkliebend.

Verwendung: im Siedlungsbereich als Deckstrauch und für hohe Blütenhecken, vor allem jedoch als Wildform für Veredlungen.

Sortenauswahl:

– – **'Andenken an L. Späth'**, Blüten einfach, dunkelpurpur, duftend, Blütenrispen, 30 cm.

– – **'Charles Joly'**, Blüten gefüllt, purpurrot, innen rosa, kurze gedrungene Blütenrispen.

– – **'Katharina Havemeyer'**, Blüten halbdichtgefüllt, lila-purpurrosa, große, breite Blütenrispen.

– – **'Michel Buchner'**, Blüten gefüllt, lila mit weißem Auge, große, breite Blütenrispen.

– – **'Mme. Lemoine',** Blüten gefüllt, reinweiß, mittelgroße, gedrungene Blütenrispen.

– – **'Primrose',** Blüten einfach, hellgelb, mittelgroße Blütenrispen.

– – **Mrs. Edward Harding',** Blüten gefüllt, purpurrot – purpurrosa, große, breite Blütenrispen.

Tamarix parviflora
Tamaricaceae
Tamariske
6.3.2.4

Wuchs: G-Strauch, straff aufrecht, wenig verzweigt, Triebe weit ausladend und überhängend.
Höhe: 3 (–5) m.
Blätter: lanzettlich, sehr fein, schuppenartig am Trieb, blaßgrün.
Blüten: in Trauben, 3–4 cm lang, sehr zahlreich an den vorjährigen Trieben, rosa, –V/VI–.
Wurzelsystem: Breit- und Tiefwurzler.
Ansprüche: humos bis sandig, trocken bis frisch, ○.
Eigenschaften: salzverträglich, trockenresistent.
Verwendung: in Gärten zur Einzelstellung als Zierstrauch (Blütenstrauch) auf warmen, sonnigen Standorten.

Tamarix ramosissima

(Syn. – pentandra)
Tamaricaceae
Heidetamariske
5.1.1.5

Wuchs: G-Strauch oder K-Baum, breitwüchsig, überhängender Wuchs.
Höhe: 3–4 m.
Blätter: eilanzettlich, sehr fein, schuppenförmig, bläulich-grün.
Blüten: in Trauben, gedoppelt, 4–8 cm lang, dunkelrosa, am mehrjährigen Holz, –VI/VIII–.
Wurzelsystem: Breit- und Tiefwurzler.
Ansprüche: wie – parviflora.

Tilia

Übersicht

Tilia – Tiliaceae – *Linde*

		Höhe in m
– americana	*Amerikanische Linde*	25–30
– cordata	*Winter-Linde*	10–30
– x euchlora	*Krim-Linde*	–20
– x flavescens	*Kegel-Linde*	15–20
– platyphyllos	*Sommer-Linde*	15–30
– tomentosa	*Silber-Linde*	20–30
– x vulgaris	*Holländische Linde*	25–40
(Syn. –x intermedia, –x europaea)		

Tilia americana 'Nova'

Tiliaceae

Amerikanische Linde

3.3.4.1

Wuchs: G-Baum, Krone breit-kegelförmig, Stamm durchgehend.
Höhe: 25–30 m.
Blätter: breit-eiförmig, bis 20 cm lang, grob unregelmäßig gesägt, dunkelgrün; Herbstfärbung gelb.
Blüten: Trugdolden, hängend, Blüten zu 6–15, gelbgrün, –VII–.
Früchte: kugelig, dickschalig, grün, ab VIII.
Wurzelsystem: Tief- und Flachwurzler.
Ansprüche: auf frischen, nährstoffreichen und durchlässigen Böden, ○ – ◑.
Verwendung: im Siedlungsbereich zur Einzelstellung und in Gruppen in öffentlichen Grünanlagen, Straßenbaum.

Tilia cordata

Tiliaceae

Winter-Linde, Stein-Linde – (W)

– (B) 2, 5, H

3.1.3.1

Wuchs: G-Baum, Krone hochgewölbt, etwas unregelmäßig ausladend, Stamm kurz, Seitenäste breit überhängend.
Höhe: 10–30 m.

Blätter: herzförmig, bis 10 cm, oberseits glatt-dunkelgrün, unterseits bläulichgrün.
Blüten: in Trugdolden, zu 5–11, gelb, duftend, –VI/VII–.
Früchte: Nüßchen, erbsengroß, bräunlich, ab VIII.
Wurzelsystem: Tiefwurzler – Herzwurzler, ausgebreitet.
Ansprüche: mäßig trocken, frisch, tiefgründig, schwachsauer bis neutral, nährstoffreich, ○ – ◑.
Eigenschaften: mäßig frosthart, salzempfindlich.
Verwendung: in der Landschaft einzeln und in Gruppen für Eingrünungen, Schutzpflanzungen, als Dorf- und Hofbaum, an Landstraßen; im Siedlungsbereich einzeln und in Gruppen in Grünanlagen und an Straßen (besser Sorten).
Sorten: – – **'Erecta',** schmalkronig, 15–18 m, Blätter nicht verfärbend.
– – **'Greenspire',** Krone dicht, oval (Veredlung auf – cordata), Höhe bis 20 m, Blätter dunkelgrün-lederig.

Tilia x euchlora
Tiliaceae
Krim-Linde
3.1.3.2

Wuchs: Baum, Krone kegelförmig-eiförmig, Äste ausgewachsen stark hängend, Stamm durchgehend.
Höhe: bis 20 m.
Blätter: eiförmig bis rundlich, 5–10 cm lang, scharf gesägt, oberseits glänzend dunkelgrün.
Blüten: Trugdolden, hängend, Blüten zu 3–7, gelblich-grün, –VII–.
Früchte: Nüßchen, grün-grau, –VIII/IX–.
Wurzelsystem: wie – americana.
Ansprüche: auf tiefgründigen, reifen Böden, neutral bis stark alkalisch, ○ – ◑.
Verwendung: im Siedlungsbereich einzeln und in Gruppen in Grünanlagen.

Tilia x flavescens 'Glenleven'
Tiliaceae
Kegel-Linde 'Glenleven'

Wuchs: Baum, kegelförmiger Kronenaufbau, durchgehender Leittrieb.
Höhe: 15–20 m.
Blätter: eiförmig, asymmetrisch, 12 cm lang, dunkelgrün, im Herbst kaum verfärbend.
Blüten: in hängenden Trugdolden, gelblich-grün, duftend, –VII–.
Früchte: Nüßchen, grün-grau, –VIII/IX–.
Wurzelsystem: wie – cordata.
Ansprüche: wie – cordata.
Eigenschaften: wie – cordata.
Verwendung: wie – cordata.

Tilia platyphyllos
Tiliaceae
Sommer-Linde – (W) – ⟨B⟩ 2, 5, H
7.3.2.1

Wuchs: G-Baum, Krone hochgewölbt, breit, tief ansetzend.
Höhe: 15–30 (–40) m.
Blätter: herzförmig, 8–15 cm lang, oberseits stumpfgrün, unterseits hell- bis graugrün; Herbstfärbung gelb.
Blüten: in Trugdolden, meist zu 3, gelblich-weiß, duftend, –VI–.
Früchte: Nüßchen, erbsengroß, ab IX.
Wurzelsystem: Tiefwurzler, weitstreichend, intolerant.
Ansprüche: frisch – feucht, tiefgründig, nährstoffreich, schwachsauer – alkalisch, ○ – ◑.

Tilia

Eigenschaften: schnellwüchsig, sehr salzempfindlich, verlangt hohe Luftfeuchtigkeit, empfindlich gegen Bodenverdichtung und -verschmutzung.
Verwendung: in der Landschaft zur Einzelstellung und in Gruppen, in Mischpflanzungen und als Dorf- und Hofbaum; entsprechend im Siedlungsbereich.
Sorten: – – **'Rubra'** rotzweigige Sommerlinde, wie die Art, jedoch schmalere, aufrechte Kronenform.

Tilia tomentosa
Tiliaceae
Silber-Linde
6.3.2.1

Wuchs: G-Baum, Krone regelmäßig breitkegelig.
Höhe: 20–30 m.
Blätter: herzförmig, 11–16 cm lang, oberseits dunkelgrün, unterseits filzig-weiß; Herbstfärbung goldgelb.
Blüten: in Trugdolden, hängend, Blüten zu 7–10, gelb-grün, stark duftend, –VII–.
Wurzelsystem: wie – americana.
Ansprüche: wie – americana.
Verwendung: wie – americana.
Sorten: – **'Brabant',** bis zum Wipfel durchgehende Stammverlängerung, kompakte Krone, Blattunterseite auffallender als bei T. tomentosa.

Tilia x vulgaris
(Syn: Tilia x intermedia,
Tilia x europaea)
Tiliaceae
Holländische Linde
3.3.3.1

Wuchs: G-Baum, Krone hochgewölbt, nach Herkunft variierend, Stamm durchgehend.
Höhe: 25–40 m.
Blätter: herzförmig, wechselständig, dunkelgrün; Herbstfärbung gelb.
Blüten: in Trugdolden, hängend, Blüten zu 5–10, gelblich,stark duftend, –VI/VII–.
Wurzelsystem: wie – cordata.
Ansprüche: auf frischen, nährstoffreichen und tiefgründigen Böden, ○ – ◑.
Verwendung: wie – cordata.
Sorten:
– – **'Pallida',** Kaiser-Linde.
Krone kegelförmig, Höhe bis 40 m.

Ulmus carpinifolia
Ulmaceae
Feld-Ulme, Feld-Rüster – (W)
2.5.2.1

Wuchs: G-Baum, Krone breit, dicht, meist kurzstämmig.
Höhe: 25–35 (40) m.
Blätter: eiförmig, asymmetrisch, glänzend-dunkelgrün; Herbstfärbung gelb.
Blüten: unauffällig.
Früchte: Nüßchen, breit geflügelt, in großer Zahl, ab IV–V.
Wurzelsystem: Tiefwurzler, flachstreichende Seitenwurzeln.
Ansprüche: anspruchslos, ○ – ◑.
Verwendung: angesichts des „Ulmensterbens" zur Zeit problematisch. Auf die im Handel als resistent bezeichneten Neuzüchtungen wird verwiesen.

Sorten: – – **'Wredei'**, ‹23 620›, *Gold-Ulme,* Krone schmal kegelförmig, Blätter auffallend leuchtend goldgelb.

Ulmus glabra
Ulmaceae
Berg-Ulme, Berg-Rüster – (W)
– ⟨B⟩ –, 2, H,
2.4.4.1

Wuchs: G-Baum, Krone rund, dicht, meist kurzstämmig.
Höhe: (10) 20–40 m.
Blätter: eiförmig bis breit elliptisch, bis 16 cm lang, grob gesägt, dunkelgrün.
Verwendung: siehe – carpinifolia.
Sorten:
– **'Exoniensis'**, schmal, kegelförmiger Wuchs, 6–8 m.
– **'Horizontalis'**, *(Syn. – 'Pendula')* Krone breit überhängend, schirmförmig, ca. 15 m hoch und breit.

Ulmus x hollandica
Ulmaceae
Holländische Ulme
2.4.4.1

Bastardformen aus U. carpinifolia x U. glabra. Im Aussehen uneinheitlich und von der Herkunft abhängig veränderlich.
Sorten u. a. – **x 'Commelin'**, Baum, breitkronig, 15–20 m.
– **x 'Groeneveld'**, K-Baum, Krone spitz kegelförmig, 12–15 m.

Ulmus x hollandica

Blätter: eiförmig-rundlich, asymmetrisch, oberseits glänzend-grün, unterseits graugrün.
Verwendung: wie – carpinifolia.

Ulmus – Hybriden
Ulmaceae
Hybrid-Ulmen
9.3.3.2

gesondert geführte Gruppe von etwa ein Dutzend Sorten.

Ulmus laevis
Ulmaceae
Flatter-Ulme,
Flatter-Rüster – (W) – (B) –, 2, H
2.4.2.1

Wuchs: G-Baum, rundkronig bis undeutlich schirmförmig.
Höhe: 10–25 (30) m.

Vaccinium vitis-idaea
Ericaceae
Preiselbeere, Kronsbeere
4.1.4.8

Wuchs: Z-Strauch, Zweige bogig überhängend bis kriechend.
Höhe: 0,1–0,3 m.
Blätter: stumpf-eiförmig, oberseits mattglänzend-dunkelgrün, unterseits heller.
Verwendung: siehe BdB-Handbuch VI „Obstgehölze".
Sorten:
– **'Erntekrone',**
– **'Koralle',**

Übersicht

Viburnum– Caprifoliaceae

Die meisten Viburnum sind ausgezeichnete Zier- und Blütensträucher mit auffallenden weißen (im Austrieb oft rosafarbenen) Scheindolden, z. T. stark duftend, wie V. x burkwoodii, V. carlesii, V. farreri. Die heimischen Arten V. lantana und V. opulus haben ihren Platz in der freien Landschaft.

	Blüte	Höhe in m
– x bodnantense,	in Büscheln (5–7 cm)	bis 3,0
– x burkwoodii,	gewölbte Scheindolden	2 (–3)
– x carlcephalum,	kugelförmige Scheindolden	2 (–3)
– carlesii,	halbkugelförmige Scheindolden	bis 1,5 m
– davidii,	breit-flache Scheindolden	bis 0,5
– farreri,	in kleinen Rispen endständig	bis 2–3
– lantana,	siehe BdB-Handbuch VIII	1–4
– opulus,	siehe BdB-Handbuch VIII	1–4
– opulus 'Roseum',	Blütenbälle bis 8 cm Ø	bis 4
– plicatum,	flache Trugdolden, 10 cm Ø	2–3
– rhytidophyllum,	breite, flache Trugdolden	3–4

Viburnum x bodnantense
Caprifoliaceae
9.3.2.5

Wuchs: Strauch, starktriebig, sparrig verzweigt.
Höhe: bis 3 m.
Blätter: länglich-elliptisch, 3–10 cm lang, oberseits grün, unterseits heller.
Blüten: in Büscheln, 5–7 cm Ø, Einzelblüten zunächst tiefrosa, später verblassend, am mehrjährigen Holz, intensiv duftend, –II/III– und X.
Wurzelsystem: Tief- und Flachwurzler.
Ansprüche: kultivierte Böden, feucht, sauer bis schwachalkalisch, ○ – ◑.
Verwendung: im Siedlungsbereich als Gruppe in öffentlichen Grünanlagen; im Garten als Zierstrauch (Blüten, Blühzeitpunkt) und in Gemeinschaft mit anderen Blütensträuchern.
Sorten: – – **'Dawn',** Blüten größer und intensiver gefärbt.

Viburnum

Viburnum x burkwoodii
Caprifoliaceae
Oster-Schneeball
3.3.1.5

Wuchs: Strauch, locker aufrecht und sparrig.
Höhe: 2 (–3) m.
Blätter: elliptisch, 4–7 cm lang, glänzend tiefgrün, unterseits grau-grün, bei milden Wintern wintergrün.
Blüten: in Dolden, ballartig, bis 6 cm Ø, anfangs rosa, später rahmweiß, intensiv duftend, –IV/V–.
Wurzelsystem: Flachwurzler.
Ansprüche: frische, humose, schwachsaure Gartenerden, empfindlich gegen Staunässe und Bodenverdichtung, ◑.
Verwendung: Im Siedlungsbereich einzeln und in Gruppen, im Hausgarten als Zierstrauch.

Viburnum x carlcephalum
Caprifoliaceae
9.1.2.5

Wuchs: Strauch, breitbuschig, locker.
Höhe: 2 (–3) m.
Blätter: breit-eiförmig, bis 12 cm lang, grau-grün.
Blüten: Dolden, halbkugelig, 10–12 cm Ø, weiß, intensiv duftend, –IV–.
Wurzelsystem: Flachwurzler.

Ansprüche: wie – burkwoodii.
Verwendung: wie – burkwoodii.

Viburnum carlesii
Caprifoliaceae
3.2.2.6

Wuchs: K-Strauch, breitbuschig.
Höhe: bis 1,5 m.
Blätter: breit-eiförmig, 3–10 cm lang, schwach gezähnt, grau-grün.
Blüten: Dolden, flach, 5–7 cm breit, rosa, im Verblühen weiß, intensiv duftend, –IV/V–.

Wurzelsystem: wie – burkwoodii.
Ansprüche: wie – burkwoodii.
Verwendung: wie – burkwoodii.

Viburnum davidii

Caprifoliaceae
6.4.4.6

Wuchs: Z-Strauch, dicht verzweigt, kissenförmig.
Höhe: bis 0,5 m und deutlich breiter.
Blätter: immergrün, elliptisch, 5–15 cm, dunkelgrün glänzend.
Blüten: Dolden, flach, bis 8 cm breit, rosaweiß, –V/VI–.
Früchte: eirund, dnkelblau-bereift, ab IX.
Wurzelsystem: Feinwurzeln, flach.
Ansprüche: saure, humose, frische Gartenböden.
Eigenschaften: nicht frosthart, nur im Weinbauklima (Winterschutz).
Verwendung: als Gruppengehölz oder im Einzelstand.

Viburnum farreri

(Syn. V. fragrans)
Caprifoliaceae
9.3.2.5

Wuchs: Strauch, straff aufrecht, Triebe locker verzweigt.

Höhe: 2–3 m.
Blätter: elliptisch, 5–7 cm, scharf gesägt, stumpfgrün; Herbstfärbung rotbraun.
Blüten: Rispen, bis 5 cm lang, weiß bis rosa, duftend, –II/III–, in milden Wintern früher.
Wurzelsystem: Flachwurzler.
Ansprüche: wie – burkwoodii.
Verwendung: wie – burkwoodii.

Viburnum lantana

Caprifoliaceae
Wolliger Schneeball – (W) – Ⓑ 4, 4
6.3.3.4

Wuchs: G-Strauch, straff aufrecht, dichtbuschig verzweigt.
Höhe: 1–4 (5) m.
Blätter: breit-elliptisch, bis 12 cm lang, oberseits dunkelgrün und runzelig, unterseits wollig grau-grün.
Ansprüche: frisch-trocken, neutral-alkalisch, ○ – ◑.
Verwendung: eine der wichtigsten Gehölzarten in der Landschaft und im Siedlungsbereich.

Viburnum

Viburnum opulus
Caprifoliaceae
Gewöhnlicher Schneeball – (W)
– ⟨B⟩ 4, 3
2.2.6.4

Wuchs: G-Strauch, breit-aufrecht, dicht verzweigt.
Höhe: 1–4 (5) m.
Blätter: gelappt, 3–(5) lappig, ahornähnlich, frisch- bis dunkelgrün; Herbstfärbung orangerot, seltener gelb.
Sorten: – **'Roseum'**, *(Syn. – 'Sterile')*, sogenannter „Schneeball", Blütenstand ballförmig aus sterilen, rosa Randblüten bestehend.
Ansprüche: wie – burkwoodii.
Verwendung: wie – burkwoodii.

Viburnum plicatum
(Syn. V. tomentosum)
Caprifoliaceae
9.3.2.5

Wuchs: Strauch, locker aufrecht, breit ausladend, breiter als hoch.
Höhe: 2–3 m.
Blätter: eiförmig bis elliptisch, 4–10 cm lang, kerbig gesägt, dunkelgrün; Herbstfärbung dunkelrot bis braun-violett.
Blüten: Dolden, ballförmig, bis 10 cm Ø, weiß, –V/VI–.
Ansprüche: wie – burkwoodii.
Verwendung: wie – burkwoodii.

Sorten: – **'Mariesii'**, Höhe 1,5– 2,0 m, Blüten in Dolden, bis 15 cm breit, tellerförmig flach auf den waagerechten Trieben, weiß, –V/VI–.

Viburnum rhytidophyllum
Caprifoliaceae
6.4.2.4

Wuchs: G-Strauch, dicht verzweigt, bogig überhängend.
Höhe: 3–4 m.
Blätter: immergrün, eiförmig länglich, 8–20 cm lang, oberseits glänzend dunkelgrün, unterseits braun-filzig behaart.
Blüten: in Dolden, flach, 10–20 cm breit, weiß, –V/VI–.
Früchte: rot, in reifem Zustand schwarz.
Ansprüche: wie – burkwoodii.
Verwendung: wie – burkwoodii.

Vinca minor
Apocynaceae
Immergrün
3.1.7.7

Wuchs: Z-Strauch, kriechend, Teppich bildend.
Höhe: bis 15 cm.
Blätter: immergrün, elliptisch, 2–4 cm lang, dunkelgrün.
Blüten: einzeln, 2–3 cm Ø, blau.
Wurzelsystem: Flachwurzler.
Ansprüche: anspruchslos, sauer bis schwach alkalisch, wärmeliebend, frisch bis feucht, nur eingewachsen trockenheitsverträglich, empfindlich gegen verdichtete Böden, trittempfindlich, ○ – ●.
Verwendung: im Siedlungsbereich als Bodendecker, zur Unterpflanzung auch schattiger Partien; im Garten entsprechend.

Weigela florida
Caprifoliaceae
Weigelie
9.3.3.5

Wuchs: Strauch, lang-aufrecht, später breit überhängend.
Höhe: 2–3 m.
Blätter: elliptisch bis länglich-eiförmig, 5–10 cm lang.
Blüten: in Büscheln, Blüte glockenförmig, bis 3 cm lang, rosa, am mehrjährigen Seitenholz, –V/VI–.
Wurzelsystem: Flachwurzler, breitstreichend.
Ansprüche: nährstoffreiche, durchlässige Böden ○ – ◑.
Verwendung: im Siedlungsbereich und im Garten als Zierstrauch (Blüten).
Sorten: – – **'Purpurea',** K- Strauch, dichtbuschig, Höhe 1,0–1,5 m, Blüten rosarot, sehr zahlreich.
– – **'Variegata',** Strauch, gelb- weiß gerandete Blätter, Blüten tiefrosa.

Vitis vinifera
im Anhang auf Seite 163

Weigela – Hybriden

Sortenauswahl

9.3.2.5

– – **'Boskoop Glory'**, Blüten lachsrosa, groß.

– – **'Bouquet Rose'**, Blüten karminrosa, Kronensaum weißlich-rosa.

– – **'Bristol Ruby'**, Blüten leuchtend karminrot.

– – **'Candida'**, Blüten reinweiß.

– – **'Newport Red'**, Blüten violett-rot.

– – **'Eva Rathke'**, Blüten leuchtend karminrot.

– – **'Styriaca'**, Blüten rosa, sehr zahlreich.

Wisteria sinensis

im Anhang auf Seite 164

Übersicht

bot. Bezeichnung	deutscher Name	K = Kletterhilfe S = Selbstkletterer	Höhe in m
Actinidia arguta	*Strahlengriffel, Kiwi*	K	3– 8
Actinidia chinensis	*Kiwi*	K	3– 8
Actinidia kolomikta	*Kiwi*	K	2– 3
Akebia quinata	*Akebie*	K	5– 8
Aristolochia macrophylla	*Pfeifenwinde*	K	–10
Campsis radicans	*Trompetenblume*	S	5–10
Celastrus orbiculatus	*Baumwürger*	K	8–12
Clematis-Wildarten	*Waldrebe*	K	artbedingt
Clematis-Hybriden	*Waldrebe*	K	2– 4
Euonymus fortunei var. radicans	*Pfaffenhütchen*	S	3– 5
Hedera helix	*Efeu*	S	20–30
Hydrangea petiolaris	*Kletter-Hortensie*	S	5– 7
Jasminum nudiflorum	*Jasmin*	K	2– 4
Lonicera–Wildarten	*Geisblatt*	K	3
Parthenocissus	*Wilder Wein*	S	8–15
Polygonum aubertii	*Knöterich*	K	8–10
Rosa	*Kletterrosen*	K	
Vitis vinifera	*Wilde Rebe*	K	–10
Wisteria sinensis	*Wisterie*	K	6–15

Actinidia arguta

Actinidiaceae

Strahlengriffel, Wilde Kiwi

3.3.4.9

Wuchs: Schlingpflanze
Höhe: 3–8 m.
Blätter: herzförmig, bis 8 cm, glänzend dunkelgrün.
Blüten: weiß, unscheinbar, am einjährigen Holz, –V–.
Früchte: stachelbeerartig, grüngelb, nur bei Pflanzung männlicher und weiblicher Exemplare.
Wurzelsystem: Flachwurzler.
Ansprüche: normale, durchlässige, nährstoffreiche Böden, ○ – ◑.
Eigenschaften: wärmeliebend, nur auf sehr warmen und geschützten Standorten, befriedigend nur im Weinbauklima.
Verwendung: mit Kletterhilfen – an Spalieren vor Hauswänden.

Actinidia chinensis
Actinidiaceae
Kiwi
6.4.1.9

Wuchs: Schlingpflanze.
Höhe: 3–8 m.
Blätter: herzförmig, 10–12 cm lang, oberseits dunkelgrün, unterseits weißlich-behaart.
Blüten: gelb, –V/VI–.
Früchte: hühnereigroß, braun behaart, nur bei Pflanzung männlicher und weiblicher Pflanzen.
Wurzelsystem: Flachwurzler.
Ansprüche: wie – arguta.
Eigenschaften: wie – arguta.
Verwendung: wie – arguta.

Actinidia kolomikta
Actinidiaceae
Kiwi
7.3.3.9

Wuchs: Schlingpflanze
Höhe: 2–3 m.
Blätter: herzförmig, stumpfgrün, bei männlichen Pflanzen verfärbt sich ein Teil der Blätter von der Blattspitze her zunächst weißlich, später rosa.
Blüten: weiß, duftend, –V/VI–.

Früchte: kugelig, gelb-grün, nur bei Pflanzung männlicher und weiblicher Pflanzen.
Wurzelsystem: Flachwurzler.
Ansprüche: wie – arguta.
Eigenschaften: wie – arguta.
Verwendung: Kletterhilfe erforderlich – dank der Mehrfarbigkeit der männlichen Pflanzen eher als Ziergehölz zu verwenden.

Akebia quinata
Lardizabalaceae
Akebie, Klettergurke
7.4.5.9

Wuchs: Schlingpflanze, linkswindend.
Höhe: 5–8 m.
Blätter: eiförmig, zu 5, fingerteilig, oberseits dunkelgrün, unterseits bläulichgrün.

Blüten: in Trauben, weiblich violett-braun, ca. 3 cm; männlich rosa, ca. 1 cm, duftend, –IV/V–.
Früchte: nierenförmig, hellviolett, auffällig, VII/X.
Wurzelsystem: Flachwurzler, fleischige Wurzeln.
Ansprüche: normale Böden, durchlässig, ○.
Eigenschaften: wärmeliebend, Blüte und Frucht nur im Weinbauklima, Frucht nur nach heißen Sommern, spätfrostgefährdet.
Verwendung: mit Kletterhilfen (Netze, Spanndrähte) – an Pergolen, Lauben, Spalieren und vor Mauern.

Aristolochia macrophylla
Aristolochiaceae
Pfeifenwinde, Pfeifenblume
2.4.6.9

Wuchs: Schlingpflanze, linkswindend.
Höhe: bis 10 m.
Blätter: herzförmig, bis zu 30 cm groß, dunkelgrün, überlappend.
Blüten: Pfeifenkopf-förmig, gelbgrün, unbedeutend, –V/VII–.
Früchte: unbedeutend.
Wurzelsystem: Flachwurzler, fleischige Wurzeln.
Ansprüche: normale Gartenböden, ausreichend feucht, ◑ – ●.
Eigenschaften: bevorzugt halbschattige, windgeschützte Standorte.
Verwendung: mit Kletterhilfen (Spanndrähte, Spaliere) zum Begrünen von Wänden, an Lauben und Pergolen.

Campsis radicans
Bignoniaceae
Trompetenblume
2.4.2.9

Wuchs: Haftwurzelkletterer.
Höhe: 5–10 m.
Blätter: gefiedert, bis 25 cm lang, hellgrün.
Blüten: in Büscheln, endständig, trichterförmig, außen orange, innen gelb, –VII/IV–.
Früchte: unbedeutend.
Wurzelsystem: Flachwurzler, fleischige Wurzeln.
Ansprüche: auf normalen Böden, ○.
Eigenschaften: wärmeliebend, benötigt warmen, windgeschützten Standort und beschatteten Wurzelbereich.
Verwendung: selbstkletternd an Mauern und Wänden, auf rauhem Grund Kletterhilfe empfehlenswert.

Celastrus/Clematis

Celastrus orbiculatus
Celastraceae
Baumwürger
7.1.3.9

Wuchs: Schlingpflanze, linkswindend.
Höhe: 8–12 m.
Blätter: eiförmig, bis 10 cm, hellgrün; Herbstfärbung goldgelb.
Blüten: in Trugdolden, blaßgrün, unauffällig, –VI–.
Früchte: Kapseln, tiefgelb, zahlreich, auffällig, ab X.
Wurzelsystem: Flachwurzler, weitreichend.
Ansprüche: anspruchslos, ○ – ◑.
Eigenschaften: Ausläufer bildend.
Verwendung: mit Kletterhilfen (Spanndrähte, Netze, Gerüste) zur Begrünung von Wänden, an Zäunen, Lauben und Pergolen, an ausgewachsenen Bäumen.

Clematis – Wildarten
Ranunculaceae

Übersicht
– **alpina,** *Alpen-Waldrebe*
Höhe 1–3 m, blauviolett, IV–VI.
– **macropetala** Höhe 2,5– 3,5 m, blauviolett, IV–VI.
– **montana,** Höhe 5–7 m, tiefrosa, V–IX–.
– **tangutica,** *Gold-Waldrebe* Höhe 3,5–5 m, gelb, VI–IX.
– **vitalba,** *Gemeine Waldrebe*
Höhe 6–8 m, cremeweiß, VII–X.
– **viticella,** *Italienische Wald-Rebe* Höhe 4–5 m, purpur bis tiefviolett, VII–IX.

Clematis – Hybriden
Ranunculaceae
Großblumige Waldreben
9.3.2.9

Wuchs: Blattranker.
Höhe: 2–4 m je nach Sorte.
Blätter: gefiedert, bis 10 cm lang, hell- bis dunkelgrün.
Blüten: siehe Übersicht.
Wurzelsystem: Flachwurzler, fleischige Feinwurzeln.
Ansprüche: nährstoffreiche, gut durchlässige, kultivierte Böden, ○.
Eigenschaften: im Wurzelbereich empfindlich, Dränage gegen Staunässe, Beschattung des Pflanzenfußes.
Verwendung: mit Kletterhilfen (Spanndraht, Rankgitter) zur Einzelstellung als Blütenstrauch auf hervorgehobenen Standorten, zur Bepflanzung von Pergolen und Lauben, Wildarten auch an G-Sträuchern oder K-Bäumen mit geeignetem Habitus.
Sorten: (Auswahl)
– **'Comtesse de Bouchaud',** hellviolett – rosa, VI–VIII.
– **'Dr. Ruppel',** kräftig rosa, Karminfarbene Streifen, V u. IX.

– **'Jackmanii',**
violett-purpur –VI–IX.

– **'Lady Betty Balfour'** violettblau, VIII–X.

– **'Madame Le Coultre',**
reinweiß, VI–IX.

– **'Lasurstern',**
lavendelblau, V/VI und VIII/IX.

– **'Nelly Moser',**
lilarosa, rote Streifen V/VI und VIII/IX.

– **'Niobe',** magenta, V/VI und VIII/IX.

– **'Proteus',** hellviolett – rosa, V/VI und VIII.

– **'The President'**,
blauviolett, VI–IX.

– **'Ville de Lyon'**,
rubin bis tiefmagenta, VII–IX.

Clematis montana var. rubens

Ranunculaceae

7.3.2.9

Wuchs: starkwüchsiger Ranker.
Höhe: 5–6 m.
Blätter: 3 zählig, im Austrieb rötlich, dann grün.
Blüten: rosa-rot, 6 cm, –V/VI–.
Wurzelsystem: Flachwurzler, grobe Hauptwurzel mit Feinwurzeln.
Eigenschaften: wie – Hybriden.
Verwendung: wie – Hybriden.

Euonymus fortunei var. radicans

Celastraceae

Kletterspindel, Pfaffenhütchen

3.1.7.9

Wuchs: Haftwurzelkletterer.
Höhe: 3–5 m.
Blätter: immergrün, eiförmig, 2–3 cm lang, stumpfgrün.
Blüten: unbedeutend.
Wurzelsystem: Flachwurzler, dicht verzweigt, weitreichend.
Ansprüche: humusreiche, ausreichend feuchte Böden, ◑ – ●.
Eigenschaften: langsamwachsend, durchschnittlich 10 cm pro Jahr.
Verwendung: zur Begrünung absonniger bis vollschattiger Mauern und Wände, auch für Pflanzgefäße.

Sorten: – – **'Vegeta'**, Wuchshöhe bis 2 m, stark fruchtend.

Hedera helix

Araliaceae

Efeu

3.1.5.9

Wuchs: Haftwurzelkletterer.
Höhe: 20–30 m.
Blätter: immergrün, Jugendform gelappt, Altersform rautenförmig, glänzendgrün.
Blüten: in Dolden, halbkugelig, gelb, ab zehntem Standjahr, –IX/X–.
Früchte: Beeren, kugelig, schwarz, wie vor.
Wurzelsystem: Flachwurzler, dicht verzweigt, Haft- und Luftwurzeln an kletternden Trieben.
Ansprüche: anspruchslos, ◑ – ●.
Verwendung: zur flächendeckenden Fassaden- und Wandbegrünung, zur Begrünung von Rankgerüsten, Lauben und an Bäumen, auch als Bodendecker (Rasenersatz).
Sorten: – – **'Erecta'**, Zwergform mit gestauchten Trieben, dichte, krause Blätter.
– – **'Goldheart'**, Blätter dreieckig, ungleich groß, dunkelgrün mit goldgelber Mitte.
– **hibernica**, raschwüchsig, Blätter größer als – helix.

Hydrangea petiolaris
Hydrangeaceae
Kletter-Hortensie
7.2.6.9

Wuchs: Haftwurzelkletterer.
Höhe: 5–7 (–10) m.
Blätter: herzförmig, ca. 10 cm groß, oberseits glänzend dunkelgrün, in milden Lagen wintergrün.
Blüten: in Dolden, 15–25 cm groß, flach, weiß, am mehrjährigen Holz, –VI/VII–.
Wurzelsystem: Flachwurzler, dicht verzweigt, Haft- und Luftwurzeln.
Ansprüche: normale Böden, sauer bis neutral, ◑ – ●.
Eigenschaften: bevorzugt windgeschützten Standort und hohe Luftfeuchtigkeit.
Verwendung: an Mauern und Wänden mit zusätzlicher Kletterhilfe, auf ausreichend stabilen Rankgerüsten, in großvolumigen Pflanzgefäßen.

Jasminum nudiflorum
Oleaceae
Winterjasmin
6.3.1.9
Beschreibung siehe Seite 77

Lonicera
Caprifoliaceae
Geißblatt, „Jelänger jelieber"

Wuchs: Schlingpflanzen.
Höhe: artbedingt 3–6 m.
Blüten: siehe Sortenübersicht
Wurzelsystem: Flachwurzler, kräftig ausgebildete Hauptwurzeln.
Ansprüche: anspruchslos, standortbedingt.
Eigenschaften: früher Laubaustrieb, duftende Blüten.
Verwendung: mit Kletterhilfen (Spanndrähte, Spaliere, Gerüste) einzeln und in Gruppen zur Begrünung und als dekorative Blütensträucher.

Sorten: *Übersicht*
– **x brownii, 'Dropmore Scarlet',** 6.4.4.9, robuster als die Art, orangescharlach, 3–4 m
– **caprifolium,** 3.3.2.9, „Jelänger jelieber" 3–5 m, Blüte außen rötlich, Mitte gelblich-weiß.
– **x heckrottii,** 6.4.4.9, 3–4 m, Blüte außen rötlich, innen gelblich.
– **henryi,** 6.4.4.9, immergrün, 3–4 m, Blüte gelb bis rot.
– **periclymenum,** 3.2.7.9, 5–6 m, Blüte gelb-weiß.
– **x tellmanniana,** 6.4.2.9, 4–6 m, Blüte gold-gelb.

(zu – caprifolium siehe auch BdB-Handbuch VIII „Wildgehölze").

Lonicera x brownii 'Dropmore Scarlet'

Lonicera caprifolium

Lonicera henryi

Lonicera x heckrottii

Lonicera periclymenum

Lonicera x tellmanniana

Parthenocissus quinquefolia

Parthenocissus
Vitaceae
Wilder Wein

Wuchs: Haftscheibenkletterer.
Höhe: 8–15 m.
Blätter: fingerförmig, 5-teilig, bis 15 cm, glänzend dunkelgrün; Herbstfärbung leuchtend scharlachrot.
Wurzelsystem: Flachwurzler, fleischige Wurzeln, gelegentlich tief wurzelnd.
Ansprüche: anspruchslos, ○ – ◑.
Verwendung: selbstkletternd – an Mauern und Wänden, Spalieren und Rankgerüsten, an Pfeilern und Säulen; für Wind-, Sicht- und Sonnenschutz.
Arten/Sorten:
– **quinquefolia,** 2.4.3.9,
– – **'Engelmannii',** 2.4.3.9, 8–12 m, stark haftend.
– **tricuspidata,** 7.3.2.9, 12–15m, Blätter dreilappig, bis 20 cm, glänzend grün.
– – **'Veitchii',** 7.3.2.9, etwas kleinere Blätter als die Art.

Parthenocissus tricuspidata

Polygonum aubertii
Polygonaceae
Knöterich
7.3.2.9

Wuchs: Schlingpflanze.
Höhe: 8–10 m.
Blätter: lanzettlich, bis 9 cm lang.
Blüten: in Rispen, 20–40 cm lang, weiß auffallend, –VII/IX–.
Wurzelsystem: weitreichende, fleischige Wurzeln.
Ansprüche: anspruchslos, ○ – ◑.
Eigenschaften: außerordentlich schnellwüchsig, mehrere Meter pro Jahr, nur bei ausreichendem Platzangebot bzw. regelmäßigem Rückschnitt verwenden.
Verwendung: mit Kletterhilfen (Spanndrähten, Rankgittern) zum flächenbedeckenden Begrünen großflächiger Objekte.

Rosa
Rosaceae
Kletterrosen

(siehe BdB-Handbuch IV „Rosen")

Vitis vinifera
Vitaceae
Wilde Rebe
2.4.2.9

Wuchs: Rankenkletterer.
Höhe: bis 10 m und mehr.
Blätter: gelappt, 3–5lappig, bis 15 cm groß; Herbstfärbung karmin-purpur.
Früchte: Beeren, eßbar, nur in geschützten, sonnigen Lagen.
Ansprüche: normale Böden, tiefgründig, ○ – ◑.
Eigenschaften: winterhart, starkwüchsig.
Verwendung: mit Kletterhilfen (Spanndrähten, Rankgittern) für Spaliere, Pergolen, Lauben und zur Wandbegrünung.
Hinweis: als Vitis-Wildarten sind außerdem im Handel:
- **amurensis,** *Amur-Rebe,*
- **coignetiae,** *Rostrote Rebe,*
- **labrusca,** *Fuchs-Rebe,*
- **riparia,** *Duft-Rebe, Goldwein,*

sie unterscheiden sich jeweils durch Blattform und Wuchshöhe.

Vitis coignetiae

Wisteria sinensis

Fabaceae

Wisterie, Blauregen

2.3.1.9

Wuchs: Schlingpflanze, linkswindend.
Höhe: 6–15 m.
Blätter: gefiedert, 3–7 cm lang, hellgrün.
Blüten: in Trauben, hängend, 10–30 cm lang, blau, am mehrjährigen Holz, –V/VI–.
Wurzelsystem: Flachwurzler, fleischige Wurzeln.
Ansprüche: normale Böden, ausreichend feucht, ○ – ◑.
Eigenschaften: die beachtliche Wuchskraft erlaubt raumbildende Gestaltung.
Verwendung: mit Kletterhilfen (Spanndrähten) an Wänden, mit Klettergerüsten für Pergolen und Lauben, Blütengehölz.

Arten/Sorten:

– – **'Alba',** Blüten in lockeren Trauben weiß, bis 30 cm.
– – **floribunda,** Höhe 6–10 m, rechtswindend, violett, bis 50 cm lang.
– – **'Rosea',** Blüten bläulich- weiß.
– – **'Macrobotrys',** bedingt winterhart, Blüten kobaltblau, bis 90 cm lang.

Wisteria floribunda

Register der wissenschaftlichen Pflanzennamen

Register der wissenschaftlichen Pflanzennamen

Register der wissenschaftlichen Pflanzennamen

Register der wissenschaftlichen Pflanzennamen

Register der wissenschaftlichen Pflanzennamen

Register der wissenschaftlichen Pflanzennamen

Register der wissenschaftlichen Pflanzennamen

Register der wissenschaftlichen Pflanzennamen

Register der deutschen Pflanzennamen

Register der deutschen Pflanzennamen

Register der deutschen Pflanzennamen

Register der deutschen Pflanzennamen

Literaturverzeichnis

Zum Thema „Lebensbereiche der Gehölze"

Die im vorliegenden Handbuch I beschriebenen Gattungen/Arten sind mit den Kennziffern des Ordnungssystems „Lebensbereiche der Gehölze" von Professor Dr. Peter Kiermeier versehen. Wenn Sie die Kennziffern als Arbeitshilfe verwenden möchten, empfehlen wir Ihnen vorab die Lektüre der folgenden Seiten.
Der guten Ordnung halber sei darauf hingewiesen, daß Abweichungen zwischen den allgemein formulierten Texten der Pflanzenbeschreibungen und der exakten Definition der Kennziffern nicht auszuschließen sind.

Erläuterung der Zuordnung der Gehölze nach Lebensbereichen

1. Definition

Was ist ein Lebensbereich?

Unter einem Lebensbereich versteht man eine Gruppe von Pflanzen mit gleichen oder sehr ähnlichen Ansprüchen. Es sind Pflanzen, die aus vergleichbaren Pflanzengesellschaften stammen und im Siedlungsbereich oder – wenn heimisch – in der freien Landschaft nach gemeinsamen Ansprüchen und Eigenschaften verwendet werden. Andere Begriffe für Lebensbereich sind: Wuchsgemeinschaft oder pflanzliche Lebensgemeinschaft. Der Lebensbereich ist der Typ des Idealstandorts.

2. Aufgaben und Zweck des Kennziffernsystems

Die Absicht des Kennziffernsystems bzw. der Eingruppierung der Gehölze nach Lebensbereichen ist es, aus der riesigen Fülle der im Angebot befindlichen Gehölzarten und -sorten schnell die für vorgegebene Situationen und Aufgaben geeigneten Arten herauszufinden; dies gilt sowohl für den urbanen Bereich als auch für den landschaftlichen Sektor. Dadurch soll mühevolle, ziellose und fehlerträchtige Sucharbeit bei der Gehölzauswahl wie bei der Planung vermieden werden.

3. Eingruppierung

Für die Eingruppierung nach Lebensbereichen gab das natürliche Vorkommen der Pflanzen den wichtigsten, aber nicht den entscheidenden Hinweis. Denn zahlreiche Gehölze kommen am Naturstandort nicht dort vor, wo sie sich am wohlsten fühlen, sondern dort, wo ihnen die stärkeren Konkurrenten Platz lassen. Für die Verwendung ist zudem maßgebend, wie die Gehölze z.B. im Siedlungsbereich sinnvoll eingesetzt werden können, dort, wo die Konkurrenz dank des menschlichen Einwirkens meist fehlt.

4. Vereinfachung

Eine z.T. unüberwindliche Schwierigkeit der Zuordnung zu einem bestimmten Lebensbereich stellt die Anpassungsfähigkeit derjenigen Gehölze dar, die nicht nur an einem einzigen Standort vorkommen, sondern manchmal an mehreren. Hier galt es, sich im Interesse einer praktikablen Lösung vorwiegend für eine einzige Möglichkeit, und zwar für den optimalen Standort zu entscheiden. Derartige Vereinfachungen sind unerläßlich, werden aber der Vielfalt der Pflanzen nicht immer gerecht. Außerdem ist es schwer zu entscheiden, welcher Standort aus einer möglichen Vielzahl der optimale wäre.

5. Sekundärlebensbereiche

In den Fällen, wo das Vorkommen der Gehölze und deren Verwendungsmöglichkeiten außerordentlich weit angelegt ist, sind sogenannte → **Sekundärlebensbereiche** ausgewiesen worden. Diese Sekundärlebensbereiche sollen die Vielfältigkeit der Lebensumstände in einem weiteren Rahmen darstellen. Diese Sekundärlebensbereiche sind in Klammern hinter den Pflanzennamen angegeben.

6. Beschränkung auf Standortsfaktoren

Eine Einteilung nach Lebensbereichen kann nur diejenigen Faktoren berücksichtigen, die zum Überleben oder besseren Gedeihen der Gehölze notwendig sind. Ausgeklammert werden müssen alle optischen Signale (Blüten, Farben, Duft usw.) und pflanzliche Details (Blattbehaarung, Zweigstellung u.ä.) der Gehölze, da diese ein solches Kennziffernsystem überfrachten und verunklären würden.

7. Kein Ersatz für Pflanzenkenntnisse

Das Kennziffersystem nach Lebensbereichen kann zwar Hinweise für die Auswahl der Pflanzen zum richtigen Standort geben und Fehler in der Pflanzenkombination verhindern, aber sie kann niemals eine fachkundige Pflanzenkenntnis ersetzen. Es lassen sich die Gehölze für eine bestimmte Situation in reichlicher Auswahl schneller finden, aber die Frage nach einer guten Wirkung oder gutem Erscheinungsbild muß vom Pflanzenverwender/verwenderin selbst abgewogen werden.

8. Ordnungssystem der Kennziffern

Das Prinzip des Kennziffernsystems entspricht etwa dem der alten Postleitzahlen. Es ist eine Abfolge von 4 Ziffern, die den Gehölzen zugeordnet werden.

1. Ziffer – Hauptgruppen

Sie kennzeichnet das optimale Vorkommen. Hierunter finden sich Gehölze identischer oder sehr ähnlicher Herkünfte. Insgesamt gibt es 9 Hauptgruppen, siehe Übersicht.

2. Ziffer – Untergruppen

Die zweite Ziffer stellt im weiteren Sinne die Faktoren des Bodens dar, also den Bereich, wo die Wurzeln, der unterirdische Teil des Gehölzes, seine Lebensgrundlagen sucht.

- voran die Abstufungen der Feuchtigkeitsgrade (Abfolge: trocken, mäßig trocken, frisch, feucht, naß),

- gefolgt von den Säurestufen des Substrates (Abfolge: stark sauer, sauer, schwach sauer, neutral, schwach alkalisch alkalisch, alkalisch, stark alkalisch),

- abschließend die Bodenarten(Abfolge: Sand, lehmiger Sand, sandiger Lehm, Lehm, schwerer Lehm, Ton; zudem humos oder mineralisch).

Die Faktoren können nicht beliebig getrennt werden, sondern sie bedingen sich gegenseitig, wie in der Natur zu sehen ist. Deshalb sind immer bestimmte Faktorengruppen dargestellt.

3. Ziffer – Spezielle Gruppen

Es folgt die 3. Ziffer; sie vertritt eine spezielle Gruppe, in der die Ansprüche noch weiter differenziert werden. Sie gibt die Bedingungen der Belichtung und der Temperatur an. Somit den Bereich, in dem Baumkronen und Strauchkörper den oberirdischen Faktoren ausgesetzt sind.

- voran die Abstufungen der Besonnung bzw. der Beschattung (Abfolge: sonnig, absonnig, lichtschattig, halbschattig, schattig),

- gefolgt von den Temperaturabstufungen (Abfolge: hitzeverträglich, wärmeliebend, gemäßigt, kühl, kalt),

- abschließend Frostempfindlichkeit und Spätfrostgefährdung. (Abfolge: sehr frostempfindlich, frostempfindlich, mäßig frosthart, meist frosthart, frost-hart).

Die Faktoren können nicht beliebig getrennt werden, sondern sie bedingen sich gegenseitig, wie in der Natur zu sehen ist. Deshalb sind immer bestimmte Faktorengruppen dargestellt.

4. Ziffer – Wuchsgruppe

Die Wuchsgruppe stellt das einzige Merkmal dar, das sich zwar mit dem Äußeren der Gehölze befaßt, dennoch ist die Wuchsgröße auch ein Faktor des Überlebens oder anders: der Konkurrenz, des Unterliegens des Schwächeren gegenüber dem Stärkeren, wenn die Pflanzen miteinander vergemeinschaftet werden.

Wichtig: bei fremden Gehölzen ist nicht die maximale Wuchshöhe am Naturstandort angegeben, sondern die Größe, die in mitteleuropäischen Gärten oder Parkanlagen erfahrungsgemäß erreicht wird. Extremgrößen wurden nicht berücksichtigt.

- Bäume
  (Abfolge: Großbaum = Baum I. Ordnung, Mittelgroßer Baum = Baum II. Ordnung, Kleinbaum = Baum III. Ordnung),

- Sträucher
  (Abfolge: Großstrauch = auch Übergang zu vorigem, Normalstrauch = mittlere Größe = ab Menschengröße, Kleinstrauch = unter Menschengröße, Zwergstrauch),

- Sonderformen
  (Abfolge: Halbstrauch = Übergang zu den krautigen Stauden, Klettergehölze = Sonderform, Stauden = krautige Pflanzen, nur in Ausnahmefällen genannt).

Das Ordnungssystem der Lebensbereiche

1. Ziffer

■□□□

Übersicht der Hauptgruppen

(1. Ziffer von Nr. 1 - 9)
Optimales Vorkommen –
Einordnung nach identischen oder sehr ähnlichen Herkünften

1.MOOR- UND SUMPFGEHÖLZE
– Gehölze nasser Lagen

2. AUEN- UND UFERGEHÖLZE
– Gehölze feuchter Lagen

3. ARTENREICHE WÄLDER UND GEHÖLZGRUPPEN
– Gehölze gutversorgter, nährstoffreicher Böden

4. ARTENARME WÄLDER UND GEHÖLZGRUPPEN
– Gehölze nährstoffarmer Böden

Das Ordnungssystem der Lebensbereiche

5. HEIDEN UND DÜNEN
– Gehölze sandiger, baumfreier, offener Lagen

6. STEPPENGEHÖLZE UND TROCKENWÄLDER
– Gehölze warm-trockener Lagen (xerotherme Lagen)

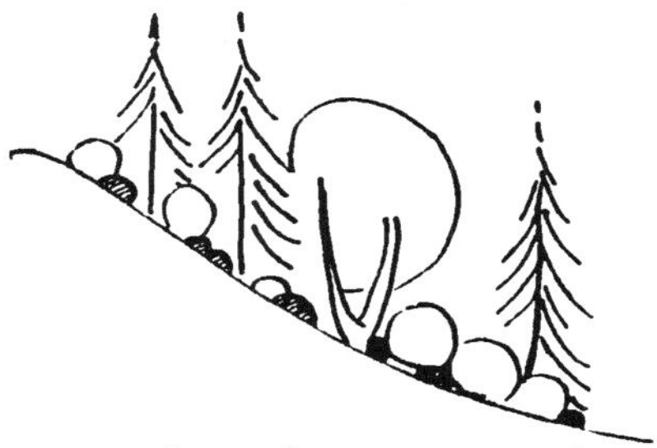

7. GEHÖLZE KÜHL-FEUCHTER WÄLDER
– Gehölze kühl-regenreicher, luftfeuchter Lagen

8. BERGWÄLDER UND STRÄUCHER ALPINER BEREICHE
– Gehölze kalt-feuchter Lagen

9. GEHÖLZE DER HECKEN UND STRAUCHFLÄCHEN
– Kultur- und Zierformen

2. Ziffer

Untergruppe Boden

2. Untergruppen (2. Ziffer)
– Bodenfaktoren

a) übergeordnet:
Feuchtigkeitsstufen von trockenen nach feuchten Standorten, (Abfolge: trocken, mäßig trocken, frisch (=normal), feucht, naß)

b) untergeordnet:
Bodenreaktion von stark saurer bis stark alkalischer Bodenreaktion (Abfolge: stark sauer, sauer, schwach sauer, neutral, schwach alkalisch, alkalisch, stark alkalisch)

c) nachgeordnet:
Bodenart von Sand bis Ton; (Abfolge; Sand, lehmiger Sand, sandiger Lehm, Lehm, schwerer Lehm, Tonboden)

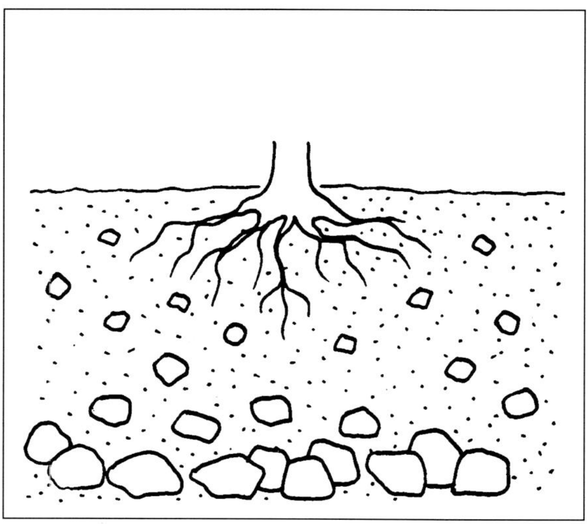

3. Ziffer

Untergruppe Klima

3. spezielle Gruppen (3. Ziffer)
– Licht und Temperatur

a) übergeordnet:
Belichtung von Sonne nach Schatten
(Abfolge: volle Sonne, absonnig, lichtschattig, halbschattig, schattig)

b) untergeordnet:
Temperatur von Wärme nach Kälte,
(Abfolge: hitzeverträglich, wärmeliebend, mäßig warm, kühl, kalt, sehr kalt)

c) nachgeordnet:
Winterhärte von Frostempfindlichkeit nach Frosthärte,
(Abfolge: sehr frostempfindlich, frostempfindlich, mäßig frosthart, meist frosthart, frosthart, absolut frosthart)

4. Ziffer

Untergruppe Wuchsform

4. Wuchsgruppe (4. Ziffer)
– Wuchsenform

von Baum nach Strauch bis Klettergehölz (Abfolge: Baum I. Ordnung = Großbaum, Baum II. Ordnung = mittelgroßer Baum, Baum III. Ordnung = Kleinbaum, Großstrauch, Kleinstrauch, Zwergstrauch, Halbstrauch, Klettergehölz

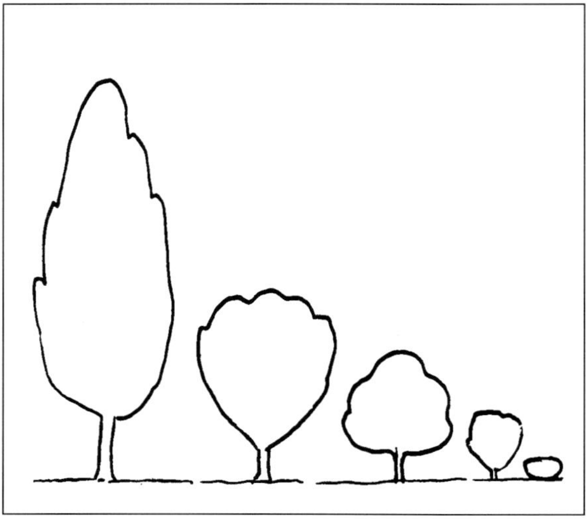

Zusammenhänge zwischen den einzelnen Lebensbereichen – Übergänge und Gemeinsamkeiten

Verlagsprogramm

Die Reihe der BdB-Handbücher umfaßt folgende Bände mit nachstehend beschriebenen Inhalten:

- Das BdB-Handbuch I „Laubgehölze“ enthält die Beschreibungen von über 650 Arten und Sorten von Laubbäumen, Sträuchern, sowie Schling- und Kletterpflanzen in Wort und Bild.
- Das BdB-Handbuch II „Nadelgehölze, Rhododendron und Heidepflanzen“ enthält die Produktbeschreibung von 154 Koniferen, 113 Rhododendren und 13 Heidepflanzen in Wort und Bild.
- Das BdB-Handbuch III „Stauden“ enthält die Produktbeschreibung von 725 Stauden, 74 Gräsern, 26 Farnen, 82 Sumpf- und Wasserpflanzen in Wort und Bild.
- Das BdB-Handbuch IV und CD-ROM „Rosen“ behandelt das Thema „Rosen pflanzen – mit Rosen gestalten“ (BdB-Handbuch IX); die CD-ROM bietet die Beschreibung von 330 Rosen-Sorten in Wort und Bild. Unter anderem ist die Abfrage nach Kriterien wie Blütenfarbe, Blütenform, Blühverhalten und Duft, sowie Listung und direkter Bildvergleich möglich. Die Möglichkeit des Bildausdrucks in verschiedenen Formaten runden den Inhalt der CD ab.
- Das BdB-Handbuch V „Gehölzsortimente und ihre Verwendung“ enthält eine umfassende Darstellung der Eigenschaften und Eignung der Ziergehölze.
- Das BdB-Handbuch VI „Obstgehölze“ enthält die Produktbeschreibungen aller Obstbereiche wie z.B. Kernobst, Steinobst, Beerenobst, Schalenobst in Wort und Bild.
- Das BdB-Handbuch VII A „Wildstauden für Wiesen und andere Freiflächen“ enthält die Beschreibung von 263 Stauden des Lebensbereiches.
- Das BdB-Handbuch VII B „Wildstauden für Schattenflächen und Säume“. Die Beschreibung von 198 Wildpflanzen in Wort und Bild ermöglicht es, naturnah gestaltete Lebensräume dieses Pflanzenbereiches zu erstellen.
- Das BdB-Handbuch VII C „Wildstauden des Wassers und des Wasserrandes“ enthält die Beschreibung von 173 Pflanzen, die gesonderte Darstellung des Themas „Repositionspflanzen“ sowie insgesamt 227 Farbbilder der Lebensbereiche.
- Das BdB-Handbuch VIII „Wildgehölze“ enthält die Beschreibung von rund 400 in der Bundesrepublik Deutschland natürlich vorkommenden Gehölze mit Gattungen, Arten, Unterarten und Varietäten in Wort und Bild.
- Das BdB-Handbuch „Schadbilder an Gehölzen“ zum Erkennen von Schäden durch Krankheitserreger und Schädlinge. Zeigt das typische Schadbild an, nennt den Erreger, gibt Auskunft über Verbreitung und Vorkommen. Diagnose- und Behandlungshilfe für Pflanzenproduzenten und -verwender.
- Broschüre Gehölzschnitt – „System Beitz“. Wertvolle Arbeitshilfe für Erwerbsgärtner und private Gartenbesitzer: Mit umfassendem Überblick über Grundlagen und Methoden des Gehölzschnitts. Darstellung praktischer Schnittbeispiele. 80 Seiten, 131 Zeichnungen.